AF361061

NOTICE HISTORIQUE

SUR

L'ORIGINE ET LES PROGRÈS

DES

ASSOLEMENS RAISONNÉS.

NOTICE HISTORIQUE

SUR

L'ORIGINE ET LES PROGRÈS

DES

ASSOLEMENS RAISONNÉS;

SUIVIE

DE L'EXAMEN DES MEILLEURS MOYENS

DE PERFECTIONNER L'AGRICULTURE FRANÇAISE :

OU

INTRODUCTION A LA NOUVELLE ÉDITION DU TRAITÉ DES CULTURES ET DES ASSOLEMENS LES PLUS CONVENABLES A LA DIVERSITÉ DES SOLS, DES CLIMATS, DES USAGES ET DES DÉBOUCHÉS DE LA FRANCE;

PAR J. A. VICTOR YVART,

Ancien cultivateur; membre de l'Institut; professeur d'économie rurale à l'École royale d'Alfort; membre de la Société royale et centrale d'Agriculture; de l'Académie italienne; et d'un grand nombre d'autres Sociétés de Sciences, d'Arts et de Littérature, nationales et étrangères.

> Je mourrai content lorsque dans la France entière, l'art
> d'alterner les récoltes sera universel et porté à sa perfection.
> ROZIER.

A PARIS,

DE L'IMPRIMERIE DE MADAME HUZARD
(née VALLAT LA CHAPELLE),
Rue de l'Éperon-Saint-André-des-Arts, n°. 7.

MARS 1821.

Extrait du *Nouveau Cours complet d'Agriculture théorique et pratique*, 2e. édition, publié par *J. Deterville*, en 1821.

NOTICE HISTORIQUE

SUR

L'ORIGINE ET LES PROGRÈS

DES

ASSOLEMENS RAISONNÉS.

De toutes les opérations agricoles, l'assolement ou la rotation annuelle des divisions établies successivement sur les terres arables, dans les exploitations rurales, pour la commodité et le plus grand avantage de la culture, est celle qui exige de la part de l'agriculteur l'attention la plus sérieuse et la plus soutenue, les calculs les plus exacts, et la connaissance la plus approfondie des ressources et des difficultés de son art et de sa position locale.

En vain il laboure, amende, engraisse, ensemence, nettoie, fertilise et dispose ses champs, par tous les moyens qui sont en son pouvoir, à donner de riches récoltes : ses succès sont toujours incertains ou incomplets, illusoires ou peu durables, si un ..... ement alterne, conforme aux vrais principes, et approprié sur-tout aux circonstances heureuses ou désavantageuses dans lesquelles il se trouve, ne fait la base de son économie rurale.

Obtenir constamment de la terre les produits les plus abondans et les plus utiles, par les procédés les plus simples, les plus courts et les plus économiques, tel est incontestablement le but raisonnable que doit se proposer tout cultivateur intelligent et instruit.

Ceux qui sont réellement dignes de ce titre, aussi utile qu'il est honorable, ont dû, par conséquent, chercher, dans tous les temps, à obtenir des domaines ruraux qu'ils exploitaient, le produit net le plus élevé. Ils ont dû étudier, pour arriver à ce but, non-seulement les moyens de simplifier le plus possible les travaux aratoires, objets fort intéressans sans doute ; mais ils ont dû aussi, et par-dessus tout, observer les divers effets produits sur le sol par les différentes plantes soumises à la culture, ainsi que par les divers procédés plus ou moins épuisans qui pouvaient modifier leur action. Telle a dû être nécessairement, dans toutes les contrées régulièrement cultivées, l'origine des assolemens raisonnés qui ont pu s'y introduire, lorsque des circonstances particulières,

(3)

étrangères et accidentelles , ne se sont point venues
s'opposer impérieusement à leur admission.

Nous voyons , en effet, sans avoir besoin d'é-
tendre nos recherches au-delà , que cette importante étude avait occupé les agronomes romains
les plus instruits , à l'époque où l'agriculture fut
portée chez eux , au plus haut degré de perfection
auquel elle était susceptible de parvenir alors ,
avec le très-petit nombre de connaissances positives acquises sur la physiologie végétale , et avec
le nombre également très-circonscrit des plantes
introduites dans la grande culture. Nous voyons
aussi que leurs auteurs les plus versés en économie rurale , à qui les ouvrages d'*Hésiode*, de
Xénophon, de *Théophraste* et de *Magon* n'étaient
pas inconnus , possédaient quelques notions assez
exactes, qu'ils nous ont transmises , sur les principes qui doivent présider à l'adoption des meilleurs assolemens, c'est-à-dire de ceux qui sont les
plus propres à maintenir la terre dans l'état indispensable pour en obtenir, sans la souiller, ni
l'épuiser, une succession indéfinie de nouveaux
produits avantageux. Nous voyons encore que plusieurs de ces notions étaient heureusement répan-
dues dans la classe instruite des propriétaires ruraux , et qu'ils y avaient recours pour l'administration de leurs propriétés.

Nous pourr... s accumuler ici un grand nombre
de citations, pour prouver que l'agriculture de ces
anciens maîtres du monde, qui l'honorèrent pendant plusieurs siècles, et qui, du Capitole où ils
étaient montés triomphans, retournaient modes-
tement dans leurs terres, *énorgueillies*, suivant
Pline, d'être cultivées par leurs mains victorieuses,
était plus raisonnée qu'on ne nous paraît le supposer généralement ; mais il suffira sans doute,
pour notre objet, de rappeler quelques passages
bien remarquables de leurs principaux auteurs,
afin de donner une idée satisfaisante de l'étendue
et de la justesse de leurs connaissances relativement aux assolemens.

Virgile, qui, par le choix et l'utilité de la plupart des préceptes de culture qu'il a si savamment
et si élégamment exposés, à l'imitation d'*Hésiode*,
dans l'immortel ouvrage classique des *Géorgiques*,
a prouvé, d'après la pratique qu'il avait acquise
dans sa jeunesse, sur le territoire de Mantoue qui
l'avait vu naître, qu'il était aussi profond agronome que poëte fécond ; *Virgile* reconnaît, de la
manière la plus expresse, que *le véritable repos de
la terre consiste dans la variété des productions* ;
et il fait cet aveu remarquable après avoir proclamé l'avantage de l'alternat de la culture du
froment avec celle de la vesce, du pois et du lu-

pin, et après avoir indiqué l'effet nuisible exercé sur le sol par le lin, l'avoine et le pavot.

Ecoutons à ce sujet son élégant traducteur :

On sème un pur froment dans le même terrain.
Qui n'a produit d'abord que le frêle lupin,
Ou la vesce légère, où ces moissons bruyantes
De pois retentissans dans leurs cosses tremblantes.
Pour l'avoine et le lin, et les pavots brûlans,
De leurs sucs nourriciers ils épuisent les champs ;
La terre toutefois, malgré leurs influences,
Pourra par intervalle admettre ces semences,
Pourvu qu'un sol usé, qu'un terrain sans vigueur,
Par de riches engrais raniment leur langueur :
La terre ainsi repose en changeant de richesses.

Delile (1).

D'après un exposé aussi clair et aussi positif du grand principe des assolemens, il n'est pas probable que *Virgile* ait pu recommander la jachère, comme la plupart de ses traducteurs ou commentateurs l'ont supposé ; il a voulu seulement parler, selon nous, dans les vers qui précèdent et qui suivent immédiatement ce passage, ainsi que dans

----

(1) .... *Ibi flava Ceres mutato sidere farra,*
Unde prius lætum siliquâ quassante legumen,
Aut tenues fœtus viciæ, tristisque lupini,
Sustuleris fragiles calamos, sylvamque sonantem.
Urit enim lini campum seges, urit avenæ,
Urunt lethæo perfusa papavera somno.
. . . .
Sic quoque mutatis requiescunt fœtibus arva.

Georg. Lib. I.

quelques autres endroits, des bons effets de l'*alternat* des cultures, lequel diminuait le nombre
des labours, comme le faisait aussi l'établissement
des pâturages qu'on alternait encore avec les céréales, et nous en verrons plus loin diverses
preuves.

Quoi qu'il en soit, qui ne découvre dans ces
harmonieux préceptes la pierre fondamentale des
assolemens, et qui peut ne pas y reconnaître l'a-
veu formel de l'inutilité de l'improductive et rui-
neuse jachère? Mais passons à d'autres preuves
de plus en plus confirmatives de cette consolante
vérité.

L'auteur latin *Festus*, en définissant l'expression consacrée de son temps à désigner les champs
dont on obtenait tous les ans des récoltes sans interruption, nous informe que les propriétaires ruraux avaient grand soin d'interdire à leurs fermiers
la faculté de les ensemencer, pendant deux années consécutives, en céréales, qui étaient alors
reconnues comme des plantes très-épuisantes.

« On appelle *restible*, dit-il, le champ qu'on
ensemence, pendant deux années continues, en
blés, usage qu'on a grand soin de proscrire lorsqu'on loue les fermes (1). »

____

(1) *Restibliis ager fit, qui continuò biennio seritur*

En poursuivant nos recherches, nous trouvons que tous les agronomes latins s'accordent à reconnaître l'avantage d'une bonne succession de cultures, et qu'ils indiquent aussi plusieurs plantes comme étant très-épuisantes, ainsi que d'autres, qui sont au contraire très - propres à réparer les déperditions du sol.

C'est ainsi que celui qu'on a regardé comme le premier homme de son siècle en tout genre, celui qui nous a rappelé que le plus bel éloge que ses ancêtres pussent faire d'un citoyen, c'était de l'appeler *bon cultivateur*; *Caton* l'Ancien, reconnaît, d'une part, dans le premier ouvrage d'économie rurale qui ait été publié en langue latine, la propriété épuisante de l'orge, qu'il recommande de semer sur *les novales*, ou sur les terres que leur fertilité permet de ne laisser jamais incultes, et, de l'autre, la propriété fécondante du lupin, de la fève et de la vesce (1).

L'érudit *Varron*, qui crut ne devoir publier qu'à

---

farreo spico, id est aristato, quod, ne fiat, solent qui prædia locant, excipere.

Sext. Pomp. Fest. *Epist. Paul. Diac.*

(1) *Hordeum qui locus novus erit, aut qui restibilis fieri poterit, serito.* Cap. 35.

Segetem stercorant lupinus, faba, vicia. Cap. 37.

l'âge de quatre-vingt-un ans les profondes connaissances acquises par sa longue pratique agricole, après nous avoir indiqué une contrée où l'on
assurait que les terres étaient ensemencées chaque
année, de manière à produire tous les trois ans une
récolte fort abondante, rectifie sur-le-champ l'erreur qu'il avait commise en avançant qu'il faut
laisser la terre inculte de deux années l'une, et
il avoue de la manière la plus positive qu'il suffit
d'en exiger, pour maintenir sa fertilité dans cette
année d'abandon, des productions qui tirent moins
de nourriture du sol (1).

Maintenant, si nous interrogeons l'agriculteur
romain qui nous a laissé, sur son art, le monument le plus étendu et le plus complet, nous verrons le profond *Columelle* ajouter aux principes
de ses prédécesseurs, qu'il confirme en plusieurs
endroits de ses ouvrages, de nouvelles vérités généralement professées aujourd'hui par les premiers cultivateurs de l'Europe.

Ici, il reconnaît la propriété fertilisante de la

---

(1) *In Olinthia quotannis restibilia esse dicunt, sed ità
ut tertio quoque anno uberiores ferant fructus.*

*Agrum alternis annis relinqui opportet, aut paullo le-
vioribus sationibus serere, id est quæ minus sugunt terram.* Lib. I, cap. 44.

luzerne (1); là, il met hors de doute la qualité épuisante du millet et du panis (2). Plus loin, il nous trace un assolement à long terme, dans lequel il intercale judicieusement le froment avec la rave ou le navet, avec la vesce et une prairie artificielle à bases de graminées (3).

En nous reportant à l'époque où cet assolement était recommandé, c'est-à-dire lorsque le trèfle, dont l'introduction dans la culture a produit une révolution si heureuse sur les champs qui l'ont adoptée, n'était pas encore sorti des prairies où la nature le fait croître spontanément lorsqu'elle seule en prépare tout l'ornement, nous reconnaîtrons que cette excellente rotation ajoute beaucoup au mérite de *Columelle*. Mais ce qui doit nous donner la plus haute idée de la justesse de ses opinions sur la prétendue *lassitude* de la terre, dont nous entendons encore aujourd'hui parler si souvent, et sur l'inutilité du *repos* et du *rajeunissement*, qui ne sont pas plus réels, c'est le passage très-

---

(1) *Agrum stercorat medica.* Lib. I, cap. 11.

(2) *Neque enim dubium quin infestetur ager milio et panico.* Id. Ibid.

(3) *Rapis vel napo agrum conseremus, in sequente deindè anno frumento, tertio, viciam permistam seminibus fœni seremus.* Lib. II, cap. 18.

remarquable que nous devons nous empresser de traduire ici : *La terre nouvellement soumise à la culture par le défrichement, doit être plus féconde, non parce qu'elle a été plus* REPOSÉE *et* RAJEUNIE*, mais parce qu'ayant été saturée, pour ainsi dire, de la substance très-abondante fournie par les débris des végétaux qu'elle produisait naturellement, elle en est devenue plus propre à la germination et à la nutrition des plantes qu'on lui confie* (1).

Après l'exposé de principes aussi solides, l'indication d'assolemens aussi bons, et l'aveu formel de vérités aussi incontestables, nous voyons encore *Palladius* reconnaître l'avantage de faire suivre la rave et le navet par les céréales, dans la même année, sur les champs qu'il recommande de bien labourer, fumer et houer, afin d'assurer le succès des deux récoltes ; et il reconnaît aussi l'utilité d'éclaircir les plantes de la première, pour donner plus de vigueur à celles qui restent (2).

______

(1) *Neque enim idcirco rudis et modo ex sylvestri habitu in arvum transducta fæcundior haberi terra debet, quod fit requietior et junior; sed quod multorum annorum frondibus et herbis, quas suapte natura progenerebat, velut saginata largioribus pabulis, faciliùs edendis educandisque frugibus sufficit.* Lib. II, cap. 1.

(2) *Rapa napusque subactum solum, stercoratum, ver-*

Enfin, l'homme étonnant qui a formé à lui seul l'*Encyclopédie des anciens*, *Pline* le naturaliste, conseille, d'après les autorités qui l'ont devancé, de faire précéder le froment par le lupin, ou la vesce, ou la fève, et par toutes les productions qui améliorent la terre (1).

Il nous indique aussi un autre assolement, dans lequel le froment était alterné avec la fève, et que *Dickson* a retrouvé en Ecosse (2).

Il nous apprend encore que dans les terres fertiles de la Campanie on alternait l'orge et le froment avec la rave et le millet (3).

Il nous rapporte également un assolement qui ne serait désapprouvé par aucun de nos agriculteurs éclairés, lequel avait lieu pour renouveler les prairies. « Lorsque les prés sont trop vieux, dit-il, on les renouvèle en y semant, après les

---

satumque conquirunt, quod et ipsis et segetibus proderit quæ ibi eôdem anno seruntur. Lib. VIII, cap. 2. *Si spissa sunt, intervelles aliqua, ut cætera roborentur.* Id. Ibid.

(1) *Far serendum, undè et lupinum, aut vicia, aut faba sublata sint et quæ terram faciunt lætiorem.* Hist. nat. Lib. XVIII, cap. 21.

(2) *Alius ordo ut ubi adoreum fuerit, cesset quatuor mensibus hibernis, et vernam fabam recipiat, ita ut ante hiemalem ne cesset.* Lib. XVIII, cap. 23.

(3) *Plin.,* Hist. nat. Lib. XVIII, cap. 23.

avoir détruits, des fèves, ou des raves, ou du millet, puis du froment l'année suivante, et à la troisième année on les remet en pré (1).

Remarquons aussi que les Romains admettaient dans leurs cultures un excellent mélange de plantes graminées et légumineuses, sous le nom de *farrago*, dont nous avons probablement tiré le mot français *fourrage*, et qu'on fauchait en vert, comme celui que nous désignons souvent sous le nom de *dragée*, ainsi que l'*ocymum*, autre production très-utile, qu'ils intercalaient avantageusement avec la culture des céréales.

Quoiqu'on trouve à côté des vérités que nous venons de tirer de l'oubli auquel elles étaient injustement condamnées, des opinions qui sont ou qui paraissent être au moins en opposition avec elles, et qui ont été confondues avec les erreurs et les préjugés de cet âge, il ne nous semble pas moins démontré, par le petit nombre d'exemples frappans que nous venons de rapporter, que les anciens avaient des notions assez exactes et assez étendues sur les premières règles qui doivent diriger les assolemens raisonnés.

____

(1) *Senescunt prata restituique debent fabá in his satá, vel rapis, vel milio. Mox in sequente anno, frumento, rursusque in prata tertio relinqui.* Lib. XVIII, cap. 28.

Nous voyons aussi, par les détails dans lesquels les agronomes que nous avons cités entrent à l'égard de la culture de la luzerne et de plusieurs autres plantes, qu'ils avaient, comme le reconnaît *Thaer*, dans les environs de Rome et dans les contrées les plus peuplées de l'Italie, une culture semblable à celle des jardins et un assolement alterne bien plus avantageux que l'assolement triennal, qu'ils avaient introduit dans leurs provinces les plus éloignées et surtout dans celles d'où ils tiraient les grains qui leur étaient nécessaires. Nous verrons plus loin un auteur italien, *Franceschi*, prouver dans une dissertation couronnée par l'académie des Géorgiphiles de Florence, sur la solution du problème des jachères, que, malgré leur antiquité, elles n'ont jamais été un précepte de l'agriculture des anciens.

Nous dirons donc que s'ils n'ont pas fait des progrès plus avancés sur ce point, il nous semble qu'on peut l'attribuer, comme nous l'avons déjà observé, au cercle étroit de leurs connaissances en physiologie végétale, à leur ignorance sur le mécanisme de la végétation, à la supposition que les racines étaient les seuls organes destinés à la nourriture des végétaux, ainsi qu'au nombre très-resserré des plantes qui avaient été introduites dans la culture des champs, à cette époque très-

reculée ; et nous ne pouvons nous dispenser d'a-
vouer que nous avons eu plusieurs fois occasion
de nous assurer , en remplissant la mission dont
nous étions chargés dans les états romains, que
les bons principes d'économie rurale professés
par les premiers agronomes de ces contrées ,
pourraient encore aujourd'hui leur être appli-
qués avec beaucoup d'avantages sur un très-
grand nombre de points.

Avant de quitter ce sujet, nous devons rappeler ici que les savans les plus distingués, parmi
les anciens Romains, avaient placé l'agriculture
au premier rang, et n'avaient pas dédaigné de
s'en occuper, puisque non-seulement nous trouvons parmi ceux que nous avons cités celui qu'on
a appelé avec raison *le prince des poëtes*, *Virgile*,
dont on retrouve encore aujourd'hui l'ancien domaine rural sous le nom de *villa Virgiliana* ,
près de Mantoue ; mais il est encore très-remar-
quable que celui qu'on a nommé à un aussi juste
titre *le prince des orateurs*, *Cicéron*, qui a traduit
l'*Économique de Xénophon*, qu'il recommandait
de consulter jour et nuit, *nocturnâ versate manu,
versate diurnâ*, en faisait aussi ses délices, et lui
a également consacré plusieurs pages éloquentes.
Il y reconnaît, d'une part, que l'agriculture est
mère et nourrice de tous les arts et qu'elle les fait

fleurir lorsqu'elle fleurit elle-même : *Artium cœ-terarum parens et nutrix agricultura ; quando benè agitur cum eâ, omnes artes vigent ;* et de l'autre il déclare hautement que de tous les moyens d'acquérir du bien, rien n'est préférable à l'agriculture, rien n'est plus fécond, plus agréable et plus digne d'un homme libre : *Omnium rerum ex quibus aliquid acquiritur, nihil est agriculturâ melius, nihil uberius, nihil dulcius, nihil homine libero dignius.*

Dans les siècles d'ignorance et de désolation qui accompagnèrent ou suivirent de près la destruction de l'empire romain, nous ne trouvons aucun monument consolant qui puisse nous attester que la science des assolemens ait fait quelques progrès ; l'art de détruire comprimait trop fortement alors l'art reproducteur, pour qu'il pût se perfectionner.

La monstrueuse compilation connue sous la dénomination de *Géoponiques grecs*, en nous présentant le bizarre assemblage de quelques pratiques utiles et d'une foule de recettes ridicules, n'ajoute rien à nos connaissances sur ce point important.

L'agriculture arabe, d'après le monument volumineux que nous en a laissé *Ebn-el-Awam*, traduit en espagnol par *Banqueri*, lequel nous donne une idée de l'agriculture des anciens Maures en Espagne, qui s'honore d'avoir donné le jour à *Columelle*, n'y ajoute pas davantage.

Ce qui nous prouve que chez nous il n'existait encore, au neuvième siècle, aucune pratique ou système raisonné sur la rotation des cultures, c'est que nous voyons dans le célèbre capitulaire de Charlemagne, *De villis et curtis imperatoris*, l'assolement triennal prescrit de la manière la plus positive aux administrateurs des domaines ruraux de l'empereur.

Plus tard, *Pierre de Crescenz*, *Augustin Gallo* et *Jean-Baptiste Porta*, chez les Italiens; *Isidore de Séville* et *Gabriel Alphonse de Herrera*, chez les Espagnols; *Conrad Heresbach* et *Joachim Camerarius*, chez les Allemands; *Fitz-Herbert* et *Hugues Platt*, chez les Anglais; et chez nous les médecins *Charles Étienne* et *Jean Liébaut*, entre les mains desquels notre débile agriculture se trouvait alors, se sont presque tous accordés, *ainsi que plusieurs modernes qui ne s'en sont point vantés*, à copier servilement les anciens, et ils n'ont pas déplacé d'une manière bien sensible les antiques limites des connaissances agricoles.

Mais nous approchons de cette époque heureuse où, après un laps de plus de neuf siècles, l'Italie commençant à sortir des épaisses ténèbres qui avaient obscurci le plus beau sol et le plus beau climat qui existent peut-être sur la terre, vint pour la seconde fois nous éclairer du flambeau de l'expérience et de la raison. En 1567, parut pour la première fois à Venise le *Ricordo d'Agricoltura*, ouvrage trop peu connu et trop peu vanté, sans doute, de *Camille Tarello*, qu'un cultivateur anglais de bonne foi, *Mills*, appelait, en 1767, *le premier homme de mérite qui eût écrit sur l'art rural après la renaissance des lettres*, si l'on en excepte toutefois *Pierre de Crescenz*, savant d'une haute extraction, qui avait gouverné long-temps la république de Bologne, mais dont l'ouvrage reproduisait en grande partie les anciens géoponiques grecs et latins.

Alors régnait en Italie, comme dans le reste de l'Europe, où il s'était répandu et sur une grande partie de laquelle il pèse encore fortement aujourd'hui, le trop fameux assolement triennal, qui consacre l'année de jachère après deux récoltes consécutives de céréales, et qu'on désigne maintenant, dans la patrie des agronomes latins, sous la dénomination de *sistema barbiano*, parce que les chefs de la famille *Barbiani* l'avaient introduit dans les états romains, vers le treizième ou le quatorzième siècle, avec l'usage des baux de trois ans seulement, destructifs de toute espèce d'amélioration agricole.

Tarello, convaincu des nombreux inconvéniens qui résultent d'un système qui condamne la terre à une stérile inaction, tous les trois ans, après l'avoir inconsidérément souillée et épuisée pendant deux autres années, osa proposer, le premier en Europe, la réforme de cet abus révoltant, devenu presque général de son temps.

Le trèfle des prés (*trifolium pratense purpureum*, Lin.) avait à peine été arraché à son état naturel pour être semé artificiellement sur les champs qu'il enrichissait, que notre nouvel agronome, qui avait bien observé l'action fertilisante exercée par cette plante sur le sol, sur-tout dans les champs de la Bresse où il était déjà alterné avec le lin, d'une manière fort avantageuse, proposa de l'intercaler judicieusement avec les céréales, en divisant les terres arables en deux parties égales, dont l'une était consacrée à la nourriture des hommes et l'autre à celle des bestiaux; et il appuya son système sur des bases solides et des raisonnemens irrésistibles.

Ce nouveau plan de culture, dont l'adoption a enrichi toutes les contrées qui l'ont admis depuis, fut jugé alors si utile par la république de Venise, à laquelle *Tarello*, né à Lonato, avait dédié le curieux ouvrage qui le renfermait, que non-seulement elle lui accorda le privilége de le vendre lui-même, ce qui était alors une grande faveur; mais elle y ajouta encore l'obligation bizarre imposée à tous ceux qui voudraient en profiter, de payer à l'auteur et à ses fils quatre pièces d'argent (marchetti) par chaque champ de blé, et deux pour tous les champs qu'ils couvriraient d'autres semences d'après son nouveau plan (1).

C'est peut-être à cette singulière concession, plutôt qu'à la rudesse du style et à quelques préjugés de ce temps, comme l'observe avec raison notre savant ami le professeur d'économie rurale, *Filippo Re*, qui nous a fourni plusieurs de ces renseignemens, qu'on doit l'oubli dans lequel a été plongé, pendant plus de deux siècles, l'ouvrage de celui qu'il regarde comme le *véritable réformateur de l'Agriculture italienne, et probablement aussi,* ajoute-t-il, *de celle d'autres nations qui en ont profité sans l'avouer.*

A la vérité, on a contesté depuis ce mérite à *Tarello* pour l'attribuer à un autre Italien, à *Au-*

______

(1) Vid. *Dizionario ragionato di libri d'Agricoltura, Veterinaria, ed altri rami d' economia campestre, di Filippo Re. Venezia,* 1809. V. 3, p. 96.

2 *

gustin Gallo, son contemporain ; mais sans avoir besoin d'examiner ici cette controverse, qui nous paraît peu fondée, puisque le savant professeur de Padoue, *Arduino*, n'hésite pas à désigner sous le titre de *méthode tarellienne* le système de culture alterne ; et quoi qu'il en soit, ce n'est que près d'un siècle après, en 1651, que nous voyons paraître en Angleterre l'ouvrage remarquable d'un Polonais, *Samuel Hartlib*. Cet homme célèbre, l'ami de *Milton* et le grand protecteur des bonnes pratiques de culture en Angleterre, instruit à l'école de la Hollande et sur-tout à celle de la Flandre, véritable berceau des assolemens les mieux calculés, proposa la réforme de l'agriculture anglaise, après avoir pris des renseignemens sur la culture de la luzerne en France, recommanda fortement l'Agriculture flamande, dont il décrivait les procédés d'assolemens alternes, et nous informa le premier, entre autres vices de l'Agriculture de la Grande-Bretagne, *qu'on y mettait jusqu'à douze chevaux à une charrue, qu'on y éduquait mal les bêtes à laine, et qu'on attelait alors en Irlande les chevaux par la queue*, comme nous ne pouvons douter qu'on le faisait encore à la fin du siècle qui vient de s'écouler, et comme on le fait peut-être même aujourd'hui, quelque ridicule que puisse paraître cette bizarre coutume (1).

Mais déjà avait paru, en 1600, c'est-à-dire plus d'un demi-siècle auparavant, l'ouvrage immortel du grand homme que la France reconnaissante a proclamé le *Père de l'Agriculture française*; déjà le digne interprète du premier des arts, le digne conseiller du meilleur des princes, qui appelait, comme *Sully*, *le pâturage et le labourage les deux mamelles de l'état*, du bon HENRI IV, qui ne pouvait se lasser de lire les écrits de notre premier agronome, et qui ne l'avait pas consulté en vain sur les moyens de rédimer son royaume de l'énorme tribut qu'il payait à l'étranger pour l'introduction de la soie; déjà cet homme célèbre avait illustré son pays par ses utiles travaux; déjà enfin le savant cultivateur, *Olivier de Serres*, à qui nous sommes redevables de l'heureuse propagation parmi nous de cet arbre précieux, qui, en nourrissant l'insecte que nous a donné l'Inde, alimente si richement nos manufactures et notre luxe, avait publié son *Théâtre d'Agriculture et Mesnage des champs*. Il ne faut pas confondre cette production avec ces monstrueuses compilations connues sous les noms sé-

____

(1) Voyez le *Voyage d'Arthur Young en Irlande*.

duisans de *Maisons rustiques*, tant de fois repro-
duites à la crédulité des habitans des campagnes,
depuis *Charles Étienne*, qui avait d'abord publié son ouvrage sous le titre de *Prœdium rusti-
cum*, et que *Jean Liébaut* et *Liger* ont cherché à
rajeunir bien des fois avant M. *Bastien*.

Quoique le plus ancien de nos agronomes ne
paraisse pas s'éloigner toujours assez de la pratique de l'improductive jachère, voulant probablement ainsi sacrifier aux préjugés de son siècle,
il nous a laissé cependant, dans son grand ouvrage, des preuves irréfragables de ses connaissances sur plusieurs points importans de l'article
des assolemens.

Tantôt il y déclare expressément que *la terre
se délecte en la mutation des semences;* tantôt il y
avoue que *toutes sortes de blé travaillent la terre,
à cause de leur nourriture qu'ils en tirent, mais
beaucoup plus ou moins les uns que les autres,
pour leurs divers naturels, y en ayant même de
si malings, qu'ils en attirent la graisse pour plusieurs années; comme, au contraire, de si débon-
naires, qu'ils l'engraissent sans autre moyen. Ceux-
là*, continue-t-il, *sont les orges, millets et pois
chiches, et ceux-ci les fèves, pois communs, lu-
pins*, etc. Plus loin, nous le voyons reconnaître
et proclamer la propriété améliorante de la cul-

ture de la fève, considérée comme préparatoire pour celle du froment, propriété dont l'anglomanie, soit dit en passant, a fait honneur de la découverte aux Anglais, croyant peut-être en rehausser par là le mérite, et nous ne pouvons résister au besoin de transcrire ici les propres expressions dont cet agriculteur distingué se sert pour indiquer les bons effets que son expérience lui a fait connaître à cet égard : *Les fèves*, dit-il, *engraissent les terres où elles auront été semées et recueillies, y laissans quelque vertu agréable aux fromens qu'on y faict par après* (1).

C'est aussi *Olivier de Serres* qui, en créant le nom des prairies artificielles, a trouvé le mot de l'énigme de la prospérité rurale, d'après la judicieuse observation consignée dans l'éloquent éloge que M. le comte *François de Neufchâteau* a consacré à cet illustre propriétaire de la terre du Pradel, qui, comme il l'observe encore, *ne mit la main à la plume qu'après l'avoir mise à l'œuvre.*

C'est également lui qui, après nous avoir dit que le sainfoin, si avantageux pour l'assolement

-----

(1) Voyez la nouvelle édition du *Théâtre d'Agriculture* et *Mesnage des champs;* par *Olivier de Serres* : de l'imprimerie et dans la librairie de Madame *Huzard,* Paris, 1804. Tome I, p. 127 et suiv., 149, etc., etc.

de nos terres les plus ingrates, commençait à être cultivé en Dauphiné, et après nous avoir indiqué le sarrasin, non moins utile dans le même cas, ainsi que le maïs pour d'autres terres (toutes plantes précieuses inconnues aux anciens), nous donne le premier une description de la *solanée parmentière*, le plus riche présent peut-être que le nouveau Monde ait fait à l'ancien, et qu'il désigne sous le nom de *cartouffle*, qu'on a depuis transformé en celui de *pommes de terre* (1).

Nous ne pouvons quitter ce patriarche de notre agriculture, déjà si recommandable par tant de communications du plus haut intérêt, sans faire encore remarquer que non-seulement il est entré dans plusieurs détails intéressans sur la culture du cotonnier et du pastel, dont le dernier, qui a créé *les pays de Cocagne*, annonce assez par là qu'il enrichissait ceux où on le cultivait ; non-seulement il nous a informés que la canne à sucre, qu'il appelle *une excellente plante*, *s'était depuis peu d'années en çà domestiquée en Provence, où elle avait été apportée des îles Canaries et de Madère* : ce sont ses propres expressions ; mais il nous apprend aussi qu'on venait d'introduire en France, de son temps, cette autre plante si précieuse pour le per-

---

(1) Voyez *Olivier de Serres*, p. 518 et xxviij, xliv.

fectionnement de nos assolemens , sous le triple rapport de son produit en sucre , de sa propriété de préparer la terre pour la culture du froment, et de l'aliment abondant que ses résidus procurent encore à nos bestiaux ; plante sur laquelle M. le comte *Chaptal* nous a donné des renseignemens si satisfaisans d'après sa pratique, continuée depuis long-temps avec le plus brillant succès, et imitée par d'autres agriculteurs français avec un succès non moins encourageant. *La betterave , dit-il, est une espèce de pastenade , laquelle nous est venue d'Italie n'a pas long-temps;* et comme s'il eût voulu préluder à l'utile découverte de *Margraaf*, dont M. *Achard* a tiré à Berlin un si grand parti, que M. *Déyeux* nous a rappelé ici le premier, il ajoute plus loin ces paroles qui nous paraissent très-remarquables : *Le jus qu'elle rend en cuisant est semblable à sirop au sucre* (1).

Nous devons dire ici que peu d'années avant la publication de l'ouvrage de *Tarello*, et par conséquent avant celui d'*Olivier de Serres*, le savant suisse *Conrad Gesner*, que ses grandes connaissances firent surnommer le *Pline germanique*, publia à Strasbourg un ouvrage latin intitulé, *Horti Germaniæ*, dans lequel on trouve des détails fort

____

(1) *Idem,* 2, 246.

curieux sur les assolemens introduits alors dans les
environs de cette ville, sur les champs soumis alternativement à la culture des céréales, des plantes
d'art et au jardinage, sur lesquels on parvenait
ainsi à obtenir cinq produits variés, dans l'espace
de deux années. Il y indique le froment, l'orge,
le chanvre, le lin, la fève, le carthame et le pavot, qu'on alternait judicieusement avec un assez
grand nombre de plantes potagères. Nous verrons ailleurs que cet alternat s'est encore perfectionné depuis et considérablement étendu en
Alsace (1).

A peu près vers la même époque où *Olivier
de Serres* instruisait et enrichissait sa patrie par
son utile exemple et ses savans écrits ; à cette époque mémorable où, sous les yeux de son souve-
rain, il couvrait la terre de Rosny et le jardin
royal des Tuileries de quinze à vingt mille mû-
riers blancs qui n'y existent plus depuis long-
temps, et ornait le sol des environs de Béziers
des mêmes arbres, qui, après avoir traversé
deux siècles, se faisaient remarquer, à la fin du
dernier, avec une circonférence de plusieurs mè-
tres ; vers cette époque où l'agriculture reprit un

____

(1) Vide *Horti Germaniæ Conradi Gesneris.* Argen-
tinæ, 1561, ps 241.

peu de faveur, grâce à *Sully*, qui la reconnaissait comme une source de la prospérité publique, comme l'ont fait depuis nos hommes d'état, *Bertin*, *Turgot*, *Malesherbes*; un autre génie plus extraordinaire encore peut-être, parce que son esprit, privé des bienfaits de l'éducation, devait à la nature seule toute son énergie et sa justesse; publiait aussi une vérité bien importante pour la science des assolemens.

Cet humble potier de terre, ce simple paysan de l'Agénois, qui, ne sachant, comme il le dit lui-même, ni le grec ni le latin, et n'ayant d'autre livre que le ciel et la terre, ouvrit cependant à Paris les premiers cours de physique, y créa le premier cabinet d'histoire naturelle, y substitua, le premier, les observations et les expériences au fatras souvent inintelligible de la scolastique; arracha la chimie aux alchimistes, ainsi qu'à tous les autres charlatans, partisans du grand œuvre; visita la France et l'Allemagne en observateur éclairé; épia sans cesse la nature; déclara par-tout une guerre implacable aux abus et aux préjugés, malgré tous les obstacles que lui présentaient la fatigue, la dépense, la misère, et par-dessus tout une épouse contrariante: *Bernard Palissy* enfin avait aussi des notions très-justes sur l'objet dont nous nous occupons.

Cet homme surprenant, à la pénétration duquel rien n'échappait; qui étonnait et fâchait même plusieurs de ses contemporains par la variété et l'étendue de ses connaissances ; qui était tout-à-la-fois géomètre, peintre, dessinateur, physicien et *agronome ;* qui nous a donné le plus ancien traité raisonné que nous ayons sur la marne ; qui nous a le premier aussi indiqué l'origine trèsprobable de cette substance, ainsi que celle des bancs de coquilles fossiles dites *falun*, que recèle le sol de la Tourraine et qui servent à le fertiliser ; qui nous a le premier encore indiqué la sonde ou *tarière*, qu'il proposait d'employer à la recherche de ce précieux amendement ; qui nous a transmis également, sur diverses branches de l'agriculture, des préceptes et des détails aussi curieux qu'instructifs : ce véritable savant, loin d'admettre comme indispensable le prétendu *repos du sol*, consacré par la jachère, professait hautement au contraire que *la terre ne reste iamais oisiue :* c'est ainsi qu'il s'exprime dans le second livre de son ouvrage, intitulé : *Recepte véritable par laquelle tous les hommes de la France pourront apprendre à multiplier et augmenter leurs thrésors* (1).

Après l'apparition des deux grands hommes

______

(1) Voyez page 526 et suivantes des *OEuvres de Bernard Palissy,* publiées par M. *Faujas de Saint-Fond,* In-4°. Paris, 1777.

dont la France doit s'énorgueillir, et qui, semblables à deux météores bienfaisans, vinrent éclairer leur pays au milieu des épaisses ténèbres qui le couvraient encore et des guerres civiles qui le désolaient alors, nous nous trouvons forcés de traverser plus d'un siècle, avant de rencontrer quelque ouvrage qui soit intéressant pour notre objet ; car nous ne parlerons pas des poëmes latins de *Rapin* et de *Vanière*, ni de leurs traductions, commentaires et additions, qui ne présentent rien d'utile sous ce rapport.

Oui, nous devons le dire, il nous faut franchir en entier le siècle de Louis XIV : puisque, comme l'observe avec sa sagacité ordinaire M. le comte *François de Neufchâteau*, « Ce siècle si fertile en grands monumens et en chefs-d'œuvre de tout genre, loin d'avoir l'avantage qu'eut le siècle d'*Auguste* de voir naître les *Géorgiques*, s'est fait remarquer, au contraire, par son indifférence au sujet de l'agriculture. Dans la liste nombreuse de ses hommes célèbres on trouve des *Sophocle*, des *Cicéron* et des *Horace*, on n'y voit point de *Columelle*; car on ne peut considérer comme un corps de doctrine agraire les écrits *de la Quintinye*, qui n'a traité que des jardins, ni le dictionnaire compilé par *Chomel*, quoique d'ailleurs fort estimable. »

A la vérité , sous ce règne si mémorable , comme sous le suivant , les cultivateurs avaient à redouter les nombreux agens subalternes de l'autorité, et sur-tout la surcharge ou plutôt l'arbitraire des impositions, et les vexations du mode de perception le plus propre à entraver l'industrie agricole. Alors le système exclusif de *Colbert*, qui prohibait la sortie des matières premières ; alors l'activité des manufactures et du commerce extérieur, absorbaient seuls toutes les pensées , attiraient tous les capitaux et employaient presque tous les bras. Cependant le maréchal *de Vauban*, l'un des grands hommes de guerre et d'état de ce siècle, qui lui dût une partie de son éclat, s'occupait, dans l'ouvrage manuscrit qu'il appelait *ses Oisivetés*, de la statistique de l'élection de Vézelay , la première que l'on ait dressée en France, et qui renferme une foule de données précieuses sur l'agriculture ; mais ce ne fut que vers la fin du règne de Louis XV , que l'on s'occupa sérieusement de la véritable source de la richesse des nations.

Un des premiers ouvrages qui se présentent à nos recherches, après un laps de temps aussi considérable , c'est, il faut encore l'avouer, celui d'un étranger, qui, dans un *Essai sur l'amélioration des terres*, publié à Paris en 1758, *soutint à cette époque que l'agriculture, du temps de* HENRI IV, *était meilleure que celle du règne de* LOUIS XV, et il ne lui fut pas difficile d'en trouver des preuves dans l'ouvrage d'*Olivier de Serres* (1).

Quoique l'Essai de *Patullo* renferme quelques idées neuves, et quoiqu'il s'attache sur-tout à choisir ses exemples en France, ce qui était très-louable sans doute et bien digne d'être imité lorsque l'on écrit pour des Français, il a le grave inconvénient de ne recommander l'établissement du trèfle, de la luzerne et du sainfoin, qu'après trois récoltes consécutives de céréales.

A cette époque cependant avait paru, depuis quelques années, le *Traité des prairies artificielles*, publié par de *Lassalle de l'Étang*, auteur d'un *Manuel d'agriculture*, dans lequel il réfutait la doctrine de *Tull;* et cet ouvrage, ayant particulièrement la Champagne en vue, était toutefois applicable à une grande partie du royaume. A cette époque avaient aussi paru les excellens articles FERME, FROMENT et CULTURE DES TERRES, dans l'Encyclopédie, et quelques

---

(1) Voyez l'*Éloge d'Olivier de Serres*, par M. le comte *François de Neufchâteau*, en tête du Ier. volume du *Théâtre d'Agriculture*.

autres articles non moins intéressans de M. *Le-roi*, et de M. *Quesnay*, fils du patriarche de la secte des *Économistes*, dont les erreurs ont fait trop oublier les bonnes idées et les utiles travaux. A cette époque enfin avait encore paru, en 1750, le *Traité de la culture des terres*, suivi, quelques années après, par les *Élémens d'agriculture*, de *Duhamel du Monceau*, dont tout ami de la science agricole ne doit prononcer le nom qu'avec un respect mêlé d'admiration pour la constance du zèle le plus ardent, dirigé vers les progrès de cette science.

Cet infatigable académicien, qui proposa le premier l'intitution si désirée des Écoles d'agriculture, et qui contribua si puissamment à la création des Sociétés qui s'en occupent ; dévoué depuis long-temps par goût à ce genre d'études qu'il associait à beaucoup d'autres ; aidé dans ses recherches par un frère très-versé dans la pratique de l'économie rurale, et qui imprimait lui-même sur le sol ses idées, tandis que l'homme de lettres en transmettait fidèlement sur le papier les résultats aux cultivateurs ; ce digne successeur de notre premier agronome nous fit connaître ses propres expériences et celles de ses amis, entra dans des détails étendus sur les principaux assolemens usités alors dans diverses parties de la France, et

nous communiqua plusieurs procédés utiles, sur-
tout à l'égard du trèfle, dont *Olivier de Serres* ne
parlait pas, et de quelques autres plantes qui, du
temps de ce célèbre agriculteur, n'étaient pas non
plus introduites dans les cultures en grand par-
venues à sa connaissance.

L'agriculture française doit encore à *Duhamel*,
ainsi qu'à son digne collaborateur, *Lullin de
Château-Vieux*, savant Génevois que nous re-
trouvons aujourd'hui dans plusieurs membres de
son illustre famille, la propagation de la culture
en rayons, si essentielle au nettoiement et à l'a-
meublissement de la terre, au moyen du précieux
instrument connu sous le nom de *cultivateur;*
mais, malheureusement pour les progrès de la
science qu'il affectionnait, la supposition gratuite
dans laquelle il tomba d'après l'anglais *Jethro
Tull* et tous ses adhérens, que *les seuls remuemens
de la terre autour des plantes en végétation et pendant l'année de jachère peuvent, en atténuant ses
molécules et* les *exposant alternativement à
l'action bienfaisante des influences météoriques,
suppléer efficacement à tout autre moyen de ferti-
lisation*, l'empêcha de contribuer d'une manière
plus directe et plus étendue au perfectionnement
des assolemens.

Vers le même temps, tandis qu'en Italie l'Académie des *Géorgiphiles* de Florence couronnait la savante dissertation que *Paul Franceschi* lui avait adressée sur la question du problème des jachères qu'elle avait mise au concours, et dans laquelle, après avoir prouvé que le *repos* de la terre, ou plutôt son abandon temporaire, son état *d'inculture*, n'avait jamais été un précepte de l'agriculture ancienne, comme on l'a supposé trop légèrement, il démontrait, par la théorie et l'expérience, que non-seulement cet abandon était généralement inutile, mais souvent nuisible; tandis que la Société patriotique de Milan couronnait, de son côté, une autre dissertation non moins savante de *Paul Lavezzari*, dans laquelle on trouve l'indication d'excellentes rotations de culture qui existaient depuis long-temps dans le Bolonois, d'après *Filippo Re*, ainsi que dans le Lodésan, la Bresse, la Toscane, et sur d'autres points de l'Italie; tandis qu'en Suisse le bon *Kliogg*, qu'on a surnommé *le Socrate rustique*, donnait d'excellens exemples à son canton et même à l'Europe entière, qui a joui des avantages de sa pratique; et que le zélé pasteur d'Orbe, *Bertrand*, à qui l'on doit plusieurs ouvrages utiles sur l'économie rurale, cherchait à faire valoir tout le mérite de la méthode *Tarellienne*, en consacrant un chapitre de ses *Élémens d'agriculture* à

la culture alterne établie avec des pâturages arti-
ficiels ; on voyait en France le chevalier *Ferrand*,
qui avait visité la Flandre en observateur attentif
et éclairé, publier un *Mémoire raisonné sur les
avantages de semer le trèfle en prairies ambulantes,*
avec cette excellente devise : *L'industrie du cultivateur multiplie les terres, sans en augmenter la
surface ;* on voyait *Desbiey* publier aussi son *Mémoire patriotique sur la meilleure manière de tirer
parti des landes de Bordeaux ; Despommiers* mettre
au jour *l'Art de s'enrichir par la culture du sainfoin ;* et *Caraccioli* livrer à la curiosité publique
et à la méditation des savans son *Agriculture sim-
plifiée selon les règles des anciens, avec un projet
pour la faire revivre, comme étant la plus profitable
et la plus facile.*

C'est toujours vers la même époque, si célèbre
dans les fastes de l'agriculture européenne, que
parut le *Corps d'observations de la Société d'agriculture, du commerce et des arts, établie par les
états de Bretagne, dont elle formait le conseil ;*
la première de ce genre qui fut créée en France,
avant celles de Paris, de Lyon, de Rouen, de
Bordeaux, d'Orléans, de Toulouse et de Sois-
sons, qui furent formées quelque temps après
celle de Dublin, la plus ancienne de toutes en
Europe, mais dont l'idée avait été suggérée par

un Français, *Raoul Spifame*, en 1556, sous Henri II. On remarque dans ce recueil, digne des plus grands éloges, que « l'agriculture était alors dans un état de langueur qui frappait les yeux les moins attentifs ; que des personnes accoutumées à observer et à calculer d'après leurs observations prétendaient que les deux tiers de la Bretagne étaient incultes, et assuraient que la plupart des terrains cultivés produiraient le double de ce qu'on en retirait, si la culture y était perfectionnée et protégée..... Chacun croit, y observe-t-on avec raison, « que les cultures qu'il a vu pratiquer ou qu'il a pratiquées, renferment tout l'art de l'agriculture (erreur qui, soit dit en passant, est encore bien commune aujourd'hui) : aussi trouve-t-on une multitude de personnes qui pensent de très-bonne foi n'avoir rien à apprendre sur un art si étendu, et même être en état de donner aux autres d'utiles leçons. Cette confiance, poursuit-on, quoique très-naturelle, puisqu'elle est presque générale, est blâmable, en ce qu'elle nuit aux progrès de l'art ; elle empêche les lumières de s'étendre. Resserré dans le cercle de ses connaissances, presque personne ne profite de celles d'autrui. »

Les membres de la Société qui publiait d'aussi importantes vérités, convaincus que les laboureurs ont besoin d'être instruits plus encore par des exemples que par des leçons, ne se crurent point dispensés de faire eux-mêmes des expériences et des recherches sur les véritables moyens d'améliorer l'agriculture, et ils eurent la satisfaction d'obtenir des succès, en propageant l'adoption des prairies artificielles, du lin, du chanvre, de la rave, du navet, de la garance, du pastel et de plusieurs autres plantes économiques, qu'ils recommandèrent, par leur exemple autant que par leurs préceptes, d'intercaler judicieusement avec les céréales, afin d'assurer et d'augmenter par là leurs produits.

On leur doit encore, outre un grand nombre d'autres bienfaits, d'avoir les premiers reconnu, par l'analyse, que les pâturages, ainsi que les prés naturels, renfermaient souvent plus de plantes nuisibles, ou inutiles au moins, que de bonnes pour la nourriture des bestiaux ; découverte qui les porta à faire des essais fructueux sur la culture séparée de plusieurs des graminées et des légumineuses vivaces les plus recommandables pour cet objet.

Nous ne parlerons point de l'excellent ouvrage du marquis *de Turbilly*, qui parut aussi vers la même époque, quoiqu'il ait encore beaucoup de mérite à nos yeux : cet ouvrage indiquant plutôt les moyens d'opérer les défrichemens, que les rotations de culture les plus convenables pour tirer le meilleur parti possible des terres défrichées. Nous devons cependant dire ici qu'il a le premier publié que « *l'institution de diverses sociétés d'agriculture dans les provinces du royaume, qui correspondraient avec une principale que l'on placerait à Paris, serait de la plus grande utilité* ; » et nous verrons plus loin combien il a contribué par là au perfectionnement des assolemens. C'est encore lui qui, le premier, conçut l'heureuse idée de donner des médailles aux cultivateurs distingués ; et en parlant de celle qu'il leur avait destinée sur ses propres fonds : *C'est, dit-il, la première médaille qui ait jamais paru en France pour une chose aussi utile, quoiqu'il y en ait beaucoup de frappées dans ce royaume pour des objets la plupart bien moins importans :* vérité incontestable qu'on ne saurait trop rappeler.

Mais nous ne pouvons passer sous silence la traduction française d'un ouvrage anglais, intitulée : *Les principes de l'agriculture et de la végétation,* ouvrage couronné par la société d'Édimbourg établie pour le perfectionnement des manufactures et des arts. *François Home* y appliqua, le premier, à l'agriculture les puissans moyens de la chimie, qu'on avait regardée jusqu'alors comme lui étant étrangère, quoiqu'elle ait avec elle une liaison si étroite. Les importans services qu'elle lui a rendus depuis, nous autorisent à en attendre et à en exiger même de nouveaux , et l'auteur a consigné dans cet ouvrage curieux plusieurs vérités neuves qui ont un rapport très-direct avec notre objet.

Nous devons encore mentionner ici un autre ouvrage traduit en français sur les versions latine et allemande du savant *Wallerius*, qui , en suivant, dans son *Agriculture réduite à ses vrais principes*, le sentier que *Home* avait frayé, vint encore éclairer cet art du flambeau de la chimie , que tant d'autres savans nationaux ou étrangers lui ont appliqué depuis avec un si grand succès. Il a également étendu le cercle étroit des connaissances utiles à la science des assolemens , et il nous porte naturellement à indiquer ici les ouvrages de *Kirwan* , de *Giobert*, de *Fourcroy*, de *Dundonald*, de *Chaptal*, de *Davy* et de son savant critique *Mathieu de Dombasle* , lesquels n'ont pas peu contribué au perfectionnement de l'économie rurale.

Pourquoi ne dirions-nous pas aussi un mot des *Voyages d'un philosophe*, publiés en 1764, dans lesquels le célèbre *Poivre*, en nous communiquant ses observations sur les mœurs et les arts des peuples de l'Afrique, de l'Asie et de l'Amérique, sur lesquels M. *de Humboldt* a publié depuis de si savantes recherches, nous donne des détails fort intéressans sur l'agriculture de la Chine, qui a fait de cet art, comme l'on sait, une institution politique et religieuse, très-propre à en étendre et à en perfectionner la pratique?

« Un laboureur chinois, dit-il, ne pourrait s'empêcher de rire, si on lui disait que la terre a besoin de repos à certain temps fixe; il dirait certainement que nous sommes loin du but..... Et que ne dirait-il pas s'il voyait nos landes, une partie de nos terres en friches, et le reste mal travaillé?

» Les terres chinoises en général, continue-t-il, ne sont pas de meilleure qualité que les nôtres.... Toutes ces terres rapportent annuellement, même dans les provinces du nord, une et deux fois l'année, quelques-unes même cinq fois en deux années dans les provinces méridionales, sans jamais se reposer depuis plusieurs milliers d'années qu'elles sont mises en valeur. »

On voit également dans les *Mémoires des missionaires*, dans l'*Histoire du Japon, de Kœmpfer*, ainsi que dans le *Voyage au Japon, de Thumberg*, « que les Chinois et les Japonais ne laissent jamais inculte un seul coin de terre cultivable, et qu'ils n'y laissent pas croître non plus une seule herbe parasite; » ce qui n'est pas moins digne de remarque et ce qu'il serait encore bien important de voir s'établir parmi nous , comme nous le démontrerons dans un travail *ex professo* terminé depuis long-temps, que nous publierons incessamment sur cet intéressant objet, beaucoup trop négligé en France et sur d'autres points de l'Europe.

Nous trouvons encore dans l'*Essai historique , géographique et politique sur l'Indostan*, par M. *Legoux de Flaix*, ancien officier du génie, que « de vastes plaines fournissent dans ce pays , sans crainte de les voir s'épuiser et presque sans frais de culture , par la supériorité des méthodes agricoles, des fruits exquis et de nombreuses et abondantes récoltes. Celles du midi en donnent trois par an ; le Maissour , le Tanjaour et le district de Mangalar en fournissent jusqu'à quatre. »

Nous voyons également M. *Reynier*, l'un de nos savans qui ont été chargés d'explorer l'Egypte et d'en étudier les mœurs et les usages , nous dire , dans ses *Considérations générales sur l'agriculture* de ce pays, insérées dans le 10ᵉ. volume de nos *Annales d'agriculture : « Les Egyptiens ne laissent jamais reposer leurs terres, mais ils connaissent la nécessité d'alterner les cultures : cependant leurs combinaisons dans ce genre se bornent aux plus simples élémens. De deux années l'une, ils sèment du blé, l'année suivante c'est de l'orge, des fèves ou des lentilles, et c'est la plus ou moins grande inondation qui leur dicte la préférence. Les années de mauvaise inondation où la terre devient plus vite sèche, ils sèment de l'orge, dont la végétation exige moins d'eau; les années de plus grande inondation, ils donnent la préférence aux fèves et aux lentilles. Chaque année, ils réservent une certaine étendue de terres pour la culture des prairies artificielles, quoiqu'ils en aient bien moins besoin que nous d'après leur système général de culture.

Rarement, nous dit encore plus loin M. *Reynier*, j'ai vu mêler deux cultures ensemble : si je ne me trompe, c'était un précepte de religion de l'Orient, dont l'effet existe encore. Je n'ai observé qu'un seul mélange, et sa combinaison m'a paru ingénieuse : c'est celle des pois chiches avec le safranum (*carthamus tinctorius.*, L.). Cette dernière plante doit être semée très-clair, et le pois chiche parvient au moment de sa récolte, lorsque le safranum commence seulement à pousser sa tige et a besoin de tout l'espace pour se développer. »

Malheureusement, à l'époque où l'écrit philosophique de *Poivre* parut, un fâcheux concours de circonstances, indépendamment du défaut de connaissances solides sur la véritable administration des terres pour prévenir leur épuisement, força beaucoup de propriétaires à les abandonner à l'inculture la plus complète, afin de s'exempter d'en payer les contributions : ce qui engagea le gouvernement à publier, en 1766, la fameuse déclaration qui exemptait, pendant quinze ans, de toutes dîmes et impositions les terrains qui seraient défrichés à l'avenir, et l'on s'occupa bien plus alors à épuiser la terre par des récoltes successives de céréales, qu'à l'assoler convenablement. Mais nous allons voir qu'on ne tarda pas à sentir la nécessité de se livrer enfin sérieusement à ce nouveau genre d'amélioration, sans lequel il est impossible d'obtenir nulle part des succès réels et durables.

Nous n'avons pu présenter jusqu'à présent que quelques faits détachés, que quelques notions éparses çà et là sur la science des assolemens. Le corps de doctrine de cette science n'existait pas encore ; il n'avait pas même été ébauché, et le nom qui devait exprimer la succession raisonnée des cultures n'était pas créé dans la langue française. Ce ne fut qu'en 1774 que M. le marquis *Costa*, l'un des principaux et des plus éclairés propriétaires ruraux de la Savoie, membre des sociétés économiques de Chambéry et de Berne, publia son *Essai sur l'amélioration de l'agriculture dans les pays montueux, et en particulier dans la Savoie, avec des recherches sur les principes et les moyens propres à y augmenter la population, la vivification et le bien-être des peuples.*

C'est dans cet ouvrage trop peu répandu, d'un grand mérite à nos yeux, écrit avec les vues les plus philantropiques, et qui annonce dans son auteur cette heureuse réunion si rare des principales connaissances théoriques et pratiques en économie rurale, que nous découvrons, entre autres matières de la plus grande utilité, traitées avec beaucoup de sagacité, un chapitre particulier et fort étendu sur les assolemens. Nous le regardons comme le premier traité qui ait été publié en français sur cette importante matière, quoiqu'un homme de beaucoup de mérite ait à tort annoncé le contraire, en fixant à une époque postérieure l'existence des ouvrages dans lesquels on s'est spécialement occupé de cet objet.

Son estimable auteur, qui nous paraît aussi avoir adopté le premier le mot *assolement,* que nous n'avons trouvé dans aucune publication antérieure à la sienne, annonce avec étonnement, dès son début « que ce mot et ce qu'il exprime est une nouveauté pour la plupart des cultivateurs ; qu'on imagine par-tout qu'il n'y a qu'une façon d'assoler les terres , et que celle qui est en usage dans le lieu où l'on est est l'unique. »

La tâche que nous avons cru devoir nous imposer de faire précéder notre travail sur la science qui nous occupe , par des renseignemens historiques que nous regardons comme très-propres à faire sentir de plus en plus l'utilité générale des bons assolemens , et à rectifier , s'il est possible , l'idée fausse et trop accréditée que partagent encore aujourd'hui un grand nombre de personnes, sur le mode de leur introduction en France , en les regardant comme *une production d'outre mer*, *dont les Anglais nous auraient gratifiés* ; cette tâche exige que nous donnions ici un précis des motifs qui déterminèrent M. le marquis *Costa* à traiter ce sujet avec beaucoup de développement ; nous devons aussi donner une idée du plan de culture qu'il adopta, conformément à ses principes et avec un succès très-prononcé, sur ses domaines, dont il dirigeait lui-même l'exploitation, comme il est facile de le reconnaître.

L'agriculture de la Savoie, pour laquelle il écrivait particulièrement et où se trouvaient les propriétés qu'il cultivait, était alors très-défectueuse, quoique cette contrée fût environnée de pays qui, bien que placés dans des situations remarquables par une grande analogie avec la sienne, comme la Suisse et le Piémont, étaient beaucoup plus heureuses qu'elle sous ce rapport.

La lecture de quelques Mémoires publiés sur la rotation des cultures, par diverses sociétés agricoles de France, de Suisse, de Suède et d'Angleterre, qui toutes étaient pénétrées des graves inconvéniens des assolemens les plus usités; mais par-dessus tout les utiles renseignemens qu'il découvrit dans la précieuse et rare collection des *Mémoires de la société économique de Berne*, qui renfermait selon lui ce qu'il y avait alors de plus complet sur cet article, quoique cela fût encore peu étendu, lui suggérèrent l'idée de traiter en grand, pour l'avantage de sa patrie, un sujet qu'il appelle avec raison *la matière la plus essentielle des travaux rustiques, et par laquelle il importe de mettre d'abord la main à l'œuvre.*

« Convaincu, dit-il ensuite, par sa propre expérience, que cet article de l'agriculture était évidemment dans le plus mauvais état en Savoie, que c'était en même temps celui qui était le plus susceptible de changemens avantageux, et que le vice principal était la mauvaise succession des labours, des semailles, des récoltes et des jachères; sachant d'ailleurs que les méthodes d'assoler les terres peuvent varier à l'infini, et qu'il y en a sans contredit de bien meilleures les unes que les autres ; sentant aussi combien il est nécessaire de prendre des mesures sages et efficaces pour que l'amélioration, une fois bien établie, non-seulement se maintienne, mais aille toujours en se perfectionnant par le cours naturel des règles établies, il adopta dans ses cultures une conduite qui, en en doublant les produits, pût améliorer le fonds d'année en année. »

Afin de convaincre plus aisément ses compatriotes des grands avantages de sa nouvelle méthode, il fit le calcul des produits des deux assomens les plus usités dans son pays, ainsi que des travaux et des avances qu'ils occasionnaient, et de leur influence sur l'état du sol, comparés avec les produits et tous les résultats avantageux que donnaient les travaux et les avances de cette méthode : ce rapprochement lui présenta un contraste frappant sur divers points que tout cultivateur doit toujours prendre dans la plus haute considération.

Le premier de ces assolemens, qui était quadriennal, avait pour principe, dit-il, de semer successivement autant de grains que la terre peut en nourrir pendant un nombre d'années déterminé, après avoir été fumée, et de recommen-

cer ensuite par l'engrais, pour réparer ses pertes.
Le second, qui était biennal, consistait dans
une suite nombreuse de labours sans récoltes pendant une année, pour réparer l'épuisement de la
terre après la production du froment, qui reve-
nait ensuite, puis les labours et la jachère, et
ainsi de suite. « Toutes ces soles, observe-t-il encore, sont d'un si petit produit en blé et en fourrage, que tout s'en ressent, les laboureurs, les
propriétaires, les bestiaux, et qu'il faudrait avoir
des campagnes immenses pour avoir un revenu
un peu considérable. »

Il basa essentiellement son nouvel assolement
sur cinq principes résultant des connaissances acquises alors, et établies, 1°. sur la nécessité de
ne pas épuiser le sol par des rotations de cultures
vicieuses; 2°. sur l'avantage que présentent les
prairies artificielles pour réparer le mal occasionné
par les céréales ; 3°. sur l'utilité d'engraisser à-
la-fois peu de terres, mais suffisamment; 4°. sur
la préférence à accorder aux productions reconnues pour être les plus avantageuses à chaque localité ; 5°. sur l'urgence du nettoiement complet
des terres cultivées. Par l'emploi de ces divers
moyens, au lieu de nombreux labours et de ché-
tifs produits obtenus à grands frais en détériorant
la terre, il démontra ce qu'il avait avancé, qu'en

l'améliorant au contraire de plus en plus, il dou-
blait les produits en diminuant les dépenses, et
en pourvoyant amplement en quantité et en qualité à la subsistance des hommes et à celle des
bestiaux.

Nous terminerons ce léger apèrçu du plan de
culture de M. le marquis *Costa* et de ses heureux
résultats, en observant que ne voulant rien innover dans les principaux genres de productions usitées dans son pays, afin d'éprouver moins de difficultés et d'obtenir plus de succès, il crut devoir se
borner prudemment à la seule introduction du trèfle, qui convenait parfaitement à ses terres et qu'il
intercalait, d'après ses connaissances et les découvertes faites jusqu'alors, avec le froment, l'orge,
l'avoine, la rave, la vesce et le sarrasin, qui
entraient dans le cours ordinaire des récoltes de
ce pays.

Remarquons ici, en passant, qu'en 1776,
c'est-à-dire deux ans après la publication de l'ouvrage aussi curieux qu'utile de cet agronome, il
se forma à Paris une agrégation d'hommes instruits et zélés sous le nom de *Société libre d'ému-
lation*, laquelle se signala d'abord par la proposition d'un prix de 1000 fr. pour la solution de
cette question : *Quels sont les moyens de rendre
fructifiante l'année de repos accordée aux terres à*

grains par plusieurs cultivateurs, sous le nom de jachères ou guérets. Mais cette généreuse et patriotique proposition n'eut aucune suite, parce que les esprits et les capitaux étaient encore alors peu dirigés vers les entreprises rurales raisonnées.

Nous venons de voir un des principaux propriétaires de la Savoie éclairer et enrichir sa patrie par son exemple et par ses écrits, en s'enrichissant lui-même : nous allons voir maintenant un savant Italien, prenant la nature pour guide, nous donner en français, quelques années après, ses *Réflexions sur l'état actuel de l'agriculture ; ou Exposition du véritable plan pour cultiver ses terres avec le plus grand avantage.*

Cet ouvrage, qui parut à Paris, sans nom d'auteur, en 1780, et qu'on sait être le fruit des recherches et des méditations de M. *Jean Fabbroni*, ancien secrétaire de la société des *Géorgiphiles* de Florence, est digne de faire époque dans les annales de l'agriculture européenne.

Son auteur reconnaît que « l'agriculture, qui ne devrait être autre chose que la marche de la nature secondée par la main obéissante de l'homme, fut enveloppée dans les ténèbres des préjugés et de l'erreur, parce que l'égarement d'opinion et de fait , introduit par l'autorité d'hommes adroits et éloquens, fut d'abord soutenu par l'ignorance et la légèreté de leurs contemporains, qui étaient eux-mêmes trop épris de la nouveauté , et fut depuis consacré par l'écoulement des siècles et par la postérité, toujours prête à respecter ce qui porte avec soi le caractère imposant de vétusté. »

Il reconnaît aussi que « cet art, exercé jadis par la meilleure partie des hommes, et abandonné ensuite à la classe la plus superstitieuse de la société , est devenu dans ses mains infiniment plus embarrassé, plus pénible et souvent plus nuisible ; qu'on voit le cultivateur moderne flotter au gré de l'ignorance et des préjugés ; que n'ayant point d'appui fixe ni de force contre l'incertitude, il travaille par routine et par imitation, et que son travail n'étant pas dirigé par la raison sûre et constante, c'est-à-dire par la nature, il suit une marche faible , à laquelle souvent tout s'oppose, tout est contraire, le sol , le climat, les saisons, les élémens. »

Après nous avoir donné des détails fort instructifs sur les moyens de nutrition dont les végétaux sont pourvus, et sur la propriété très-épuisante dont jouissent les céréales , il s'élève avec force contre le système séducteur de *Tull*, qui avait fait tant de

prosélytes, et qui tendait à consacrer la multipli-
cité des labours comme le véritable et l'unique
moyen d'améliorer la terre ; il s'étaie, pour le ré-
futer, d'observations concluantes, prises dans la
nature même, ainsi que d'expériences confirmatives non moins décisives. Il met en opposition
les résultats des opérations spontanées de la nature avec ceux des opérations qui sont dirigées
par la main de l'homme ; il les compare entre
elles, et ce parallèle lui fait naître des idées qu'il
appuie autant qu'il le peut de l 'servation et de
l'expérience.

Il reconnaît encore que le véritable moyen de
la nature pour former le terreau, qu'il regarde
comme la base de la fertilité, consiste dans la multiplication et la reproduction non interrompues
des végétaux, dont les débris forment cet *humus*
si essentiel à la végétation, et il déclare que le
cultivateur doit imiter en cela la nature par tous
les moyens possibles.

Il en conclut que « les *repos* sont fondés sur de
faux principes ; qu'ils sont contraires à notre but
et même dangereux, et que pour tirer tout le
parti possible de nos terres, il faut y cultiver beaucoup de plantes, y faire autant de récoltes qu'on
le peut, y associer les grands végétaux aux petits,
y former le plus possible du terreau, et que c'est

le vrai moyen d'économiser les labours et les engrais. »

Les idées de M. Fabbroni furent accueillies par un de nos plus grands maîtres en économie rurale, comme nous allons le voir.

Nous arrivons au monument le plus complet de la science rurale qu'aucun agronome ait tenté d'élever, dans le siècle dernier, à la gloire du premier des arts et à l'instruction des hommes intelligens qui s'honorent de le professer.

Vers la fin de ce siècle si fertile en grands événemens, *Rozier*, ancien directeur de l'École vétérinaire de Lyon, et principal rédacteur du premier Journal de physique, fort d'une réputation acquise par une étude approfondie des sciences exactes, conçut la belle idée d'élever en France les opérations agricoles à la hauteur des connaissances et des découvertes qui avaient illustré son siècle, en publiant son *Cours complet d'Agriculture théorique, pratique, économique, et de médecine rurale et vétérinaire, suivi d'une méthode pour étudier l'Agriculture par principes.* Dans la rédaction de ce savant et volumineux ouvrage, il entreprit la grande et noble tâche de soumettre toutes ces opérations à la lumière du raisonnement, à la rigueur du calcul et souvent aussi au creuset de l'expérience.

Dans le nombre considérable d'articles qui dé-
cèlent autant le zèle que les profondes connaissances de l'agriculteur de Beziers, ainsi que les
talens des savans collaborateurs qu'il avait eu
l'avantage de s'associer, nous remarquons particulièrement les articles ALTERNER, CULTURE et
JACHÈRE, dans lesquels, après avoir analysé les
divers systèmes proposés par les principaux auteurs qui l'avaient précédé dans cette utile carrière; après s'être arrêté complaisamment sur les
réflexions lumineuses de M. *Fabbroni*, il expose
les principes d'après lesquels il lui semble qu'on
peut se diriger pour la culture des terres, et il ré-
pète souvent aux cultivateurs : *Alternez vos cultures, c'est le meilleur conseil qu'on puisse vous
donner.*

Cependant, il faut l'avouer, nous ne trouvons
ses principes ni assez éclairés ni assez confirmés
par des exemples, qu'il faut toujours, autant que
possible, placer en agriculture à côté des préceptes, et il nous paraît aussi, comme nous es-
saierons de le démontrer ailleurs, trop accorder,
pour l'épuisement relatif du sol, à la différence
qui existe dans la forme des racines des plantes
soumises à la culture.

Nous verrons encore plus loin comment un de
ses savans continuateurs répara l'omission des ar-

ticles importans ASSOLEMENT et SUCCESSION DE CULTURES, qui manquaient aux premiers volumes de son ouvrage.

Néanmoins, quoique la révoltante partialité d'un morose agriculteur anglais ait cherché à ravaler le mérite incontestable de *Rozier* comme agronome, ainsi qu'elle avait déjà essayé de ternir la réputation justement acquise par *Daubenton* pour l'éducation et le perfectionnement des bêtes à laine, et de contester encore les avantages des sociétés d'agriculture, qui ont tant contribué à améliorer notre économie rurale, nous nous plaisons à reconnaître, malgré les assertions d'*Arthur Young*, qu'il a puissamment coopéré par ses exemples et ses écrits au perfectionnement de la science des assolemens, celui qui, en rédigeant l'article TRÈFLE, c'est-à-dire au moment où, sans pouvoir le soupçonner, il était près de terminer si malheureusement son utile carrière, traçait sur le papier ces paroles remarquables gravées dans son cœur : *Je mourrai content lorsque dans la France entière l'art d'alterner les récoltes sera universel et porté à sa perfection.*

Rozier périt, peu de temps après, d'un éclat de bombe, à Lyon, lors du siége de cette ville, aussi malheureuse alors qu'elle est célèbre depuis long-temps dans les fastes de l'industrie européenne.

A l'époque où cet homme distingué, qu'on ne peut bien juger qu'en se reportant au moment où il avait entrepris une tâche aussi belle, mais peut-être trop vaste pour ses connaissances pratiques, appelait ainsi par ses vœux, par ses écrits et par son encourageant exemple, la régénération qu'il désirait voir s'opérer promptement dans notre agriculture, d'autres hommes d'un grand mérite tendaient eu même but par les mêmes moyens.

Deux savans non moins recommandables par l'étendue, la variété et sur-tout par l'utilité de leurs connaissances appliquées spécialement à nos premiers besoins, MM. *Tessier* et *Parmentier*, qu'il suffit de nommer, fournissaient, chacun de son côté, des matériaux pour l'édifice qui devait s'élever en faveur des assolemens raisonnés : le premier en nous faisant connaître, à l'article AL-TERNER, inséré dans l'*Encyclopédie méthodique*, les assolemens variés qu'on pratiquait alors dans un grand nombre de nos anciennes provinces, et en les accompagnant de réflexions et du résultat de ses expériences ; le second, en nous démontrant par les faits, autant que par le raisonnement, l'importance de la pomme de terre et du maïs, considérés sous ce rapport, dans les traités couronnés qu'il publiait sur la culture de ces deux plantes et de plusieurs autres auxquelles il a attaché son nom d'une manière si honorable.

Notre malheureux ami *Gilbert*, ancien professeur à l'école royale d'économie rurale et vétérinaire d'Alfort, nouvel argonaute, mort en Espagne à la recherche de la véritable toison d'or, victime de son zèle pour les progrès de la science agricole et de la propagation de la race précieuse des *mérinos*, fixait aussi l'attention des cultivateurs sur les grands avantages de l'alternat des cultures, avec cette éloquence persuasive qui lui était si naturelle, et qui rendait si intéressantes ses *Recherches sur les prairies artificielles*, ouvrage par lequel il avait mérité et obtenu plusieurs couronnes, dues à son profond savoir, ainsi que ses palmes académiques.

Un autre agriculteur, avantageusement connu par ses Mémoires sur l'administration forestière et sur les qualités individuelles des bois indigènes ou qui sont acclimatés en France, lesquels font suite aux utiles travaux commencés à ce sujet par *Duhamel* et *Buffon*; *Varennes de Fenille*, que nous eûmes la douleur de voir terminer une carrière honorable par une mort qui n'aurait jamais dû être que la punition du crime, insérait dans le recueil de ses *Observations, expériences et mémoires sur l'agriculture*, des réflexions très-sensées sur les abus introduits dans la culture des terres du département de l'Ain, où il faisait valoir par lui-même ses propriétés rurales, et il y indiquait les moyens tirés de son expérience pour faire disparaître ces abus, ainsi que les jachères, par de bons assolemens.

Il existait alors, comme nous le verrons plus loin, peu de départemens qui ne présentassent quelque exemple aussi encourageant.

L'un des fondateurs de la Société d'agriculture de Paris et l'un de ses premiers membres, le vertueux *Lamoignon de Malesherbes*, qui ne sépara jamais la patrie de son roi, pour lequel il s'est si glorieusement sacrifié, et qui est aussi recommandable aux amis du premier des arts qu'à ceux des vertus publiques et privées; après avoir vu essayer avec succès près de son domaine la suppression des jachères, publia aussi, vers le même temps, à diverses époques de sa vie pleine de bienfaits, plusieurs productions agricoles d'un très-grand mérite, parmi lesquelles nous distinguons un excellent *Mémoire sur les moyens d'accélérer les progrès de l'économie rurale en France*, et les *Idées d'un agriculteur patriote sur les défriche-mens*.

La Société royale d'agriculture de Paris couronna, en 1789, l'ouvrage de M. *Menuret de*

Chambaud sur cette question qu'elle avait proposée en 1787 : *Quelles sont les plantes qu'on peut
cultiver avec le plus d'avantage dans les terres qu'on
ne laisse jamais en jachères, et quel est l'ordre suivant lequel elles doivent être cultivées?* Ce mémoire était appuyé sur de nombreuses expériences
concluantes , tirées de la pratique de l'auteur,
comme l'annonçait sa devise : *Artem experientia
fecit, exemplo monstrante viam.* Nous devons ajouter qu'elle mentionna honorablement deux autres
mémoires , au nombre desquels était celui que
nous lui avions adressé sous cette devise : *Rec-
tèque mutatis requiescunt fœtibus arva;* et si nous
ne nous rendîmes pas à l'invitation qu'elle nous
adressa alors publiquement et itérativement *de
nous faire connaître, afin de lui fournir l'occasion
de publier notre travail,* c'est que ne le jugeant
pas nous-mêmes suffisamment perfectionné alors,
nous voulions nous occuper à l'enrichir de nouveaux faits, comme nous nous sommes efforcés de
le faire depuis par de nouvelles recherches et sur-
tout par notre propre expérience.

Alors parut aussi, dans la généralité de Paris,
l'institution des *Comices agricoles,* qui vient heureusement d'être rétablie sur toute la France, et
dont l'idée avait été suggérée par la première assemblée provinciale de la généralité de la Haute-

Guyenne, qui avait formé des *associations agri-coles*, dans lesquelles on devait s'occuper, entre autres choses, *de la meilleure manière d'assoler et de distribuer les terres.*

Enfin, tandis qu'à Berlin l'Académie des sciences proposait, vers la même époque, un prix sur la question *De la possibilité de l'adoption de l'asso-lement alterne avec pâturage;* en Angleterre, l'in-fatigable *Arthur Young* et son digne compétiteur *Marshall*, par leurs voyages, leurs essais et leurs savans écrits, s'efforçaient de combattre, avec la Société d'agriculture de *Bath* et plusieurs autres, ce qu'ils appelaient *le ruineux système des ja-chères absolues et périodiques.*

Cependant il manquait encore à la science agri-cole un ouvrage qui fût complet, sur la meilleure manière d'alterner les récoltes, et qui pût servir de guide assuré à la masse des cultivateurs éclai-rés : tous ceux qui s'occupaient spécialement du perfectionnement de notre agriculture en sentaient le besoin.

M. le comte *François de Neufchâteau*, dans son *Essai sur la nécessité et les moyens de faire entrer l'agriculture dans l'instruction publique*, et M. *Sylvestre*, dans l'*Essai*, non moins patriotique, *sur les moyens de perfectionner les arts économiques en France*, sollicitaient la rédaction d'un ouvrage dans lequel une saine théorie serait assise sur des faits authentiques sur ce point comme sur plusieurs autres.

La Société d'agriculture du département de la Seine, aujourd'hui *Société royale et centrale*, désirant ajouter un nouveau service à ceux qu'elle avait déjà rendus aux cultivateurs français, proposa aux agronomes, en 1800, la solution de cette grande question : *Quelle est la meilleure manière d'alterner les récoltes, à l'usage du plus grand nombre des cultivateurs, à l'effet de diminuer autant qu'il est possible les jachères, suivant la différente nature des terres?*

Cette Société eut la satisfaction de voir un grand nombre de concurrens répondre à l'appel qu'elle avait fait aux amis du premier des arts; elle remarqua un mémoire espagnol qui présentait le tableau des rotations de culture pratiquées en Galice, dans une exploitation sur laquelle on obtenait constamment trois récoltes en deux années, en conservant toujours la terre en bon état, sans avoir jamais recours à la jachère; mais elle distingua, parmi les ouvrages qui lui furent adressés à cette occasion, celui qui avait pour titre : *Traité des assolemens, ou de l'art d'établir les rotations des récoltes ; par M. Charles Pictet de Genève ;* ayant pour épigraphe cette pensée féconde de *Gil-*

bert : *La production même devient la source de la reproduction.*

Nous devons rappeler ici une circonstance qui donna naissance áu nouveau travail que nous nous vîmes en quelque sorte obligés d'entreprendre sur les assolemens, depuis cette époque.

La Société qui avait ouvert un si beau concours, et à laquelle nous avions l'honneur d'appartenir, nous ayant nommés l'un des commissaires destinés à examiner les ouvrages envoyés à ce concours, nous fûmes chargés de la rédaction du rapport qu'elle adopta à ce sujet.

Nous ne pouvons nous dispenser de transcrire ici une partie de ce rapport, consigné en entier dans les Annales de l'Agriculture française (t. 9, page 339), parce qu'en faisant connaître notre opinion sur l'ouvrage de M. *Pictet*, il indique les motifs qui nous déterminèrent par la suite à marcher sur les traces de cet excellent agriculteur.

Nous nous y exprimions ainsi :

« L'ouvrage de M. *Pictet* nous a paru être celui d'un homme très-instruit et très-versé dans la connaissance des détails d'une culture raisonnée ; il est écrit avec beaucoup d'ordre , de clarté et de précision.

» L'auteur, après avoir traité d'une manière très-lumineuse et très-instructive de la théorie des labours et de l'usage des jachères, examine le trop fameux système d'alterner les champs entre les plantes à racines fibreuses et les plantes à racines pivotantes ; et il prouve, par d'excellens raisonnemens étayés de faits concluans, la futilité de ce système, qui n'est réellement que spécieux, et qui ne peut soutenir un examen approfondi, lorsqu'on veut le généraliser, comme on l'a fait jusqu'à présent. Il est fâcheux d'être obligé d'ajouter qu'après avoir détruit le prestige d'une erreur aussi séduisante, cherchant à expliquer ce qui est peut-être encore un secret de la nature, à cette erreur il en substitue une autre, qui, pour être plus ancienne, n'en est pas moins dangereuse dans ses conséquences ; et il n'hésite point à établir d'une manière positive que si l'on ne peut, comme il le prouve solidement, attribuer uniquement à la forme des racines les avantages incontestables résultans de l'alternat de la culture des plantes fromentacées, légumineuses, fourrageuses et potagères, il faut nécessairement avoir recours à la supposition de sucs nourriciers de plusieurs sortes, ou susceptibles d'être diversement modifiés, qui alimentent les plantes de nature différente, lorsqu'elles éprouvent une végétation également forte dans un terrain où elles se succèdent.

» Cette supposition de sucs de diverses natures

répandus dans le sein de la terre, et que chaque sorte de plantes s'approprierait, nous paraît entièrement gratuite. On se rappellera sans doute que cette opinion, professée par les anciens agronomes, a été complétement détruite par *Priestley, de Saussure, Hales, Fabbroni, Sennebier, Rozier*, et par d'autres savans qui, à l'aide des découvertes chimiques et physiologiques modernes, ont démontré de la manière la plus satisfaisante combien elle était peu fondée. L'ouvrage même que nous analysons fournit contre cette opinion plusieurs preuves solides ; il a échappé à la sagacité de l'auteur de s'en apercevoir.

» Il part de cette supposition pour établir sa théorie des assolemens, qu'il divise en assolemens de terres légères et en assolemens de terres argileuses. Il termine son ouvrage par présenter quelques considérations sur les moyens d'introduire en France de bons assolemens.

» L'auteur a suivi, il est vrai, dans l'exposé de ses assolemens, un plan très-recommandable, sur-tout dans un ouvrage d'agriculture, où le précepte gagne toujours beaucoup à être à côté de l'exemple. Il a appuyé le plus grand nombre de ses raisonnemens de faits qui mettent presque par-tout sa théorie en rapport avec la pratique ; mais, par un oubli difficile à expliquer, il ne s'est

point assez pénétré de cette importante vérité,
que son ouvrage devant être spécialement destiné
à éclairer et à guider les cultivateurs français, une
de ses obligations les plus essentielles était de leur
rappeler et de les engager à imiter ce qui se passe
dans leur propre pays, cette indication devant nécessairement produire sur eux un effet plus prompt
et plus assuré que des exemples étrangers. Presque
tous ceux qu'il rapporte sont extraits des *Annales d'agriculture d'Arthur Young*, des *Mémoires de la Société de Bath*, ou d'autres ouvrages
anglais estimables. Ces exemples sont très-con-
cluans sans doute, sur-tout pour les départemens
septentrionaux de la France, dont le climat a plus
d'analogie avec celui de l'Angleterre ; mais lorsqu'il nous rappelle lui-même (ce sont ses propres
expressions) « *Que nous voyons dans certaines parties du territoire français d'excellentes pratiques
d'assolemens qui y subsistent de temps immémorial, sans que l'on se soit avisé de les imiter ailleurs ;* que le département du Nord et celui du
Pas-de-Calais, ainsi que plusieurs parties de la
Flandre, sont en possession d'assolemens excellens que l'on a toujours crus seulement applicables au sol privilégié de ces contrées ; que les départemens du Haut et du Bas-Rhin sont également
remarquables par des assolemens qui en ont banni

les jachères ; enfin que les départemens de la Haute-Garonne et du Lot sont dans une excellente culture, qui ne laisse aucun repos à la terre : » des Français, apprenant avec un orgueil bien naturel qu'ils sont en possession de pratiques qu'il serait si utile de publier et de propager par tous les moyens possibles, peuvent-ils ne pas désirer ardemment de connaître toutes leurs richesses et d'en tirer parti, avant de recourir à des secours étrangers? et ne devions-nous pas être surpris, d'après cela, de ne trouver qu'une simple indication là où les détails les plus circonstanciés devenaient indispensables ?

« Il nous semble que dans un ouvrage destiné à éclairer la nation française sur les meilleurs modes d'assolemens qui peuvent convenir à sa position sous le rapport de son sol, de son climat, de ses habitudes, de ses besoins, de ses débouchés et d'autres circonstances importantes, l'auteur n'eût pas dû se borner à offrir pour exemples, des assolemens pris chez une nation qui, de son propre aveu, les avait empruntés d'une contrée jadis partie intégrante de notre territoire, puisque c'est aux Flamands qu'est due l'invention des cours réguliers. Un assez grand nombre de départemens étant de temps immémorial en possession d'assolemens excellens, c'est là sur-tout qu'il

eût fallu puiser des exemples, qui feront incontestablement plus d'effet sur les cultivateurs
français qui les ignorent, que des exemples étrangers, contre lesquels on est toujours disposé à
élever une foule d'objections souvent fondées, qui
naissent de la différence de situations, de tempé-
ratures, d'usages, etc. »

Au reste, après avoir soumis à M. *Pictet* lui-
même quelques autres observations critiques, que
nous avait suggérées le désir de rendre son travail
plus complet, nous terminions notre rapport en
rappelant à la Société que l'auteur de cet ouvrage
nous paraissait avoir traité la question proposée,
de manière à laisser une impression très-favorable
sur ses connaissances théoriques et pratiques en
agriculture ; nous avouâmes avec plaisir qu'il
avait enrichi son travail d'un grand nombre d'observations précieuses, qui décelaient un observateur éclairé, un cultivateur prudent et réfléchi,
et un ami zélé de la France, à laquelle il appar-
tenait alors. Nous ajouterons ici que si cet ouvrage
ne fut pas couronné, c'est uniquement parce qu'il
avait été publié avec le nom de l'auteur, avant
le jugement de la Société.

Nous espérions, et nous devons le dire, que
l'appel que nous faisions en quelque sorte à
M. *Pictet* lui-même, ainsi qu'à tous les cultiva-

5 *

teurs instruits, à qui nous soumettions nos observations avec la plus entière confiance, par la publicité donnée au rapport dont nous venons de citer un extrait, produirait l'effet que nous en attendions, et nous nous flattions que nous aurions bientôt la satisfaction de voir paraître un nouvel ouvrage, qui renfermerait ce qui nous paraissait manquer à celui que nous avions été chargés d'analyser.

Notre attente ayant été trompée à cet égard, et nous étant trouvés appelés, peu de temps après, à la chaire d'économie rurale, vacante à l'école d'Alfort depuis la mort de *Daubenton*, nous regardâmes dès-lors comme un devoir pour nous la tâche dont nous avions désiré que quelque agriculteur plus instruit se chargeât, et nous essayâmes, pour l'instruction de nos élèves, pour la nôtre même, ainsi que pour l'avantage des propriétaires ruraux, de présenter une sorte de tableau des assolemens de la France les plus conformes aux principes que nous crûmes devoir d'abord établir sur cet objet.

Telle fut l'origine, que nous avons pensé qu'il était nécessaire de faire connaître, de notre second travail sur une partie aussi importante de l'économie rurale.

Mais avant de passer à l'exposé du plan que

nous nous sommes tracé pour rendre le moins im-
parfait possible ce travail, qui a été honoré de
l'approbation de l'Institut, avant que nous eus-
sions l'avantage de lui appartenir, nous devons
encore dire un mot des nouveaux motifs qui nous
confirmèrent de plus en plus dans le dessein de
l'entreprendre, et qui nous en facilitèrent même
les moyens.

Quelques années après la publication de l'ouvrage de M. *Pictet,* deux de nos premiers agronomes, qui s'étaient chargés avec d'autres de
compléter le travail classique que la fin malheureuse de *Rozier* l'avait empêché d'achever, vinrent encore, en augmentant la masse des matériaux que nous étions parvenus à nous procurer
par nos observations, nos méditations, nos lec-
tures, et sur-tout par nos nombreux voyages et
notre longue pratique, nous aider de leurs lumières et de leur expérience.

Le premier, M. André Thouin, par son *Essai
sur l'exposition et la division méthodique de l'économie rurale, sur la manière d'étudier cette science
par principes, et sur les moyens de l'étendre et de
la perfectionner,* ainsi que par ses savans articles sur la culture et les usages économiques de
plusieurs plantes fourrageuses, textiles, tincto-

riales et oléifères, nous fournit des matériaux précieux pour notre objet.

Le second, M. *Bosc*, en réparant par l'article Succession de cultures, l'omission difficile à concevoir du mot Assolement dans le premier volume de *Rozier*, nous procura également la connaissance de faits essentiels et de réflexions judicieuses dont nous dûmes profiter.

Forts de tous ces moyens, à l'aide desquels nous pouvions en quelque sorte nous dissimuler à nous-mêmes notre faiblesse pour traiter un aussi grand sujet, et la rendre moins sensible à ceux pour qui nous écrivions, nous poursuivîmes notre entreprise avec ardeur, et elle tirait heureusement à sa fin, lorsqu'un incident que nous ne pouvons passer sous silence, vint fournir un nouvel aliment à nos recherches, à notre instruction et à notre reconnaissance.

M. le comte *de Père*, si avantageusement connu par ses améliorations agricoles, comme sous d'autres rapports non moins honorables, eut la bonté de nous offrir un exemplaire de son *Manuel d'agriculture pratique*, dans lequel nous trouvâmes, entre autres choses également recommandables, une *Instruction sur la culture sans jachère ou continue*, appliquée à un grand nombre de végétaux et précédée de règles de conduite pour l'agriculteur. Nous y découvrîmes avec le plus grand plaisir une nombreuse série de faits qui confirmaient pleinement nos principes; et cet important objet ayant également éveillé l'attention d'un grand nombre d'hommes instruits, sur divers points de la France et chez nos voisins, nous eûmes aussi la satisfaction de voir paraître à des époques plus ou moins rapprochées de celle où nous écrivions, plusieurs autres ouvrages qui tendaient au même but, et qui étaient bien propres à encourager le zèle qui nous portait à terminer notre travail général.

Les principaux de ces ouvrages sont :

1°. Les travaux éminemment utiles à la science agricole, de notre excellent cultivateur *Cretté de Palluel,* premier introducteur parmi nous de la culture en grand de la chicorée sauvage ; premier indicateur de plusieurs autres plantes utiles ; et qui, dans un mémoire très-instructif, inséré en 1789 parmi ceux de l'ancienne Société royale d'agriculture de Paris, nous donne des détails intéressans sur la suppression des jachères, qu'il avait réalisée avec un plein succès dans une exploitation rurale de plus de six cents arpens.

2°. Un *Mémoire sur les moyens de parvenir à la plus grande perfection de la culture et de la suppression des jachères,* publié par le général de division *Belair,* au commencement de la révolution.

3°. Les *Réflexions de M. le comte Dedelay d'Agier sur les grands avantages des prairies artificielles.*

4°. L'exposé de nouveaux cours de moissons proposés d'après la pratique de MM. *Delporte,* dans la *Description topographique du Boulonnais.*

5°. Le *Mémoire* publié par M. *Delpierre* jeune *sur les moyens d'amener graduellement et sans secousse la suppression de la vaine pâture et des jachères par de bons assolemens.*

6°. Un autre *Mémoire sur la suppression des jachères par la culture alterne,* lu à l'assemblée générale de la Société d'agriculture de la Haute-Marne, en 1802, par M. *Laurent.*

7°. Un troisième *Mémoire sur l'amélioration de l'agriculture par la suppression des jachères,* traduit de l'allemand en 1802, et commenté par M. *de Commercl,* qui y a ajouté l'extrait d'un *Mémoire de M. Benoist, cultivateur, sur les jachères,* et un autre extrait analysé du *Mémoire couronné de M. Menuret.*

8°. Un *Essai sur les engrais, l'assolement, etc.,* publié en 1802 par *Marc Leavenworth,* cultivateur près Poissy.

(73)

9°. L'ouvrage intitulé *De l'état de la culture en France et de l'amélioration dont elle est susceptible*, publié en 1802 par M. *D. de Pradt*.

10°. Les *comptes rendus*, à diverses époques, à la Société d'agriculture de la Seine, par MM. *Mallet*, *Sageret* et *Frémin*, qui, en exposant les importantes améliorations résultées de l'adoption d'assolemens raisonnés sur leurs exploitations rurales, démontrent de la manière la plus convaincante léurs grands avantages pour la quantité et la qualité des produits en tous genres, en supprimant les jachères.

11°. Le *Traité des prairies artificielles*, publié en 1806 par M. *Lullin*, l'un des descendans du célèbre *Lullin de Châteauvieux*.

12°. La *Notice* publiée en 1807 par M. *Legris-la-Salle*, *sur la culture et l'assolement du domaine de Tustal*, situé dans l'entre-deux-mers près de Bordeaux.

13°. La *Description d'une ferme bien assolée*, située en la commune de Sainte - Croix - lez-Bruges, par M. *Van der Fosse*.

14°. Les *Notes sur l'abolition des jachères et les avantages de la culture flamande*, que nous a adressées M. *Mondez*, propriétaire cultivateur, par lesquelles il nous communique ses succès encourageans, confirmés par une pratique de quarante - six années, dans la plaine de Fleurus.

15°. Des renseignemens très-étendus et très-instructifs sur la culture en grand, en plein champ, de la carotte et du panais, publiés en 1804, par M. le comte *François de Neufchâteau*, et *l'Art de multiplier les grains*, publié par cet ami zélé de l'agriculture, en 1809.

16°. Le mémoire de M. *Jumilhac*, couronné par la Société d'agriculture de Paris, dans lequel il rend compte des succès qu'il avait obtenus en supprimant la jachère, au moyen d'un assolement raisonné, sur le sol ingrat du département de la Dordogne, où il avait à lutter contre l'ignorance, les préjugés, et l'âpreté du climat; ce qu'il fit de la manière la plus satisfaisante.

17°. Le *Cours de culture raisonnée*, inséré par *Jean-Baptiste Gagliardo*, en 1805, dans l'ouvrage périodique qu'il publiait à Naples (1).

18°. Le Mémoire de M. *Rosnay de Villiers*, propriétaire cultivateur à Monthérolier, arrondissement de Neufchâtel, département de la Seine-Inférieure, couronné par la Société d'agriculture du département de la Seine en 1807, et dont nous devons consigner ici les beaux résultats.

---

(1) Vid. *Bibliotheca di Campagna, etc. di Gio.-Bap tista Gagliardo*. Napoli, 1805, t. 3, p. 139.

L'assolement de son canton consistait dans la culture successive du froment et de l'avoine , précédée de la jachère. Quoiqu'on ensemençât annuellement une grande étendue de terres en grains , on en récoltait généralement peu, faute d'engrais ; et les engrais étaient rares, parce que le manque absolu de prairies artificielles et de cultures supplétives était un obstacle à l'augmentation des bestiaux. M. *Rosnay* substitua, avec le plus grand succès , à cette mauvaise routine un assolement raisonné, établi sur les meilleurs principes , d'après lesquels la culture des grains est constamment précédée de celle des plantes fourrageuses , interposées dans un tel ordre qu'il en résulte la diminution des dépenses, d'une part, l'augmentation de la nourriture, de l'autre, et, par une conséquence nécessaire, plus de bestiaux, plus d'engrais et plus de grains, de bénéfices et de produits en tous genres, comme ses calculs le démontrent de la manière la plus satisfaisante. M. *Rosnay* fit plus encore : ayant convaincu le plus grand nombre des cultivateurs ses voisins de la supériorité de cet assolement sur l'ancien , obligé de louer à quatre fermiers 420 hectares de sa propriété , il leur fit souscrire dans leurs baux et exécuter une clause qui, dérogeant à l'ancien usage , les astreignait à ensemencer, chaque année, la totalité de l'exploitation, en substituant son assolement à l'ancien.

19°. Le Mémoire, également couronné par la même Société, de M. *Féra de Rouville*, dont nous devons aussi faire connaître les succès. Il avait à lutter, pour l'introduction d'un nouveau plan de culture dans sa propriété, contre les circonstances les plus défavorables. Son exploitation, établie sur le sol le plus ingrat, se trouvait morcelée en soixante-dix-neuf pièces de peu d'étendue, intercalées avec celles de ses voisins, tous partisans déclarés des jachères, et ennemis de toute innovation.

Malgré cet obstacle, il parvint à supprimer entièrement la jachère sur toutes les parties de sa propriété susceptibles d'être constamment cultivées, en établissant l'assolement, sinon le meilleur en soi, du moins le plus convenable à la position difficile dans laquelle il se trouvait. Les fourrages et les grains partageaient son exploitation à-peu-près par moitié ; par ce moyen, il a plus que doublé le nombre de ses bestiaux. Le sainfoin étant presque la seule prairie artificielle admissible sur un sol aussi peu fertile que le sien, il s'attacha à augmenter le produit de cette plante précieuse, par l'emploi judicieux du plâtre calciné ; il parvint à démontrer aux cultivateurs

de son canton prévenus contre cet emploi, que
le plâtre, loin de nuire, comme ils le prétendaient, à la récolte du froment qu'on cultivait
après le sainfoin, favorisait au contraire sa végétation. Enfin le témoignage authentique des autorités locales prouve que les fromens semés sans
jachère par M. *de Rouville*, étaient plus beaux
que ceux semés par ses voisins sur un sol semblable, après l'année de jachère.

2°. Le travail de M. *Bonneau*, propriétaire
cultivateur à Saint-Lactencin, arrondissement de
Châteauroux, département de l'Indre, dont nous
exposerons encore les améliorations.

Les prairies artificielles étaient à peine connues
dans ce département, et les jachères y étaient
observées avec rigueur : d'où il résultait une dé-
gradation affreuse dans les races des bestiaux,
l'appauvrissement du sol, des récoltes de blé qui
ne produisaient, année commune, que quatre
grains pour un ; enfin une extrême misère des
colons ou métayers, dont un grand nombre se
ruinaient en prétendant que leur méthode était
la seule bonne et convenable. M. *Bonneau*, convaincu que l'exemple obtenait seul le droit de
persuader, se décida à diriger l'exploitation de la
plus forte partie de sa propriété, en en abandon-
nant à ses colons une portion de 150 hectares pour

lui servir ainsi qu'à eux de terme de comparaison pour l'avenir. Quoique des circonstances locales, des considérations particulières, et le mauvais état de la terre, épuisée depuis long-temps par le ruineux système des colons, empêchassent M. *Bonneau* d'introduire constamment et par-tout l'assolement le plus conforme aux vrais principes ; cependant, par une extension sagement calculée de la culture des prairies artificielles, des racines et des plantes légumineuses, il parvint à augmenter le produit des grains qu'il avait spécialement en vue, en augmentant les bestiaux par les fourrages, et les engrais par les bestiaux ; et il résulta de la comparaison faite de son produit en grains avec celui de ses colons, que, sans jachère, il en récoltait davantage sur une étendue de 9 hectares, qu'ils n'en obtenaient, après la jachère, sur une étendue de 13 hectares de meilleure qualité. Il parvint ainsi à tripler le revenu net de sa propriété, en la faisant valoir par lui-même, exemple qu'on ne saurait trop mettre sous les yeux des propriétaires ruraux, qui seuls peuvent améliorer notre agriculture et leur sort tout-à-la-fois.

Enfin un autre Mémoire encore couronné, de M. *Gaujac*, propriétaire cultivateur à Dagny, département de Seine-et-Marne, qui, ayant fait l'acquisition d'un domaine de 180 hectares environ de terres fort médiocres, se trouva entouré de voisins grands partisans de la jachère. Après avoir enrichi cette propriété par de nombreuses plantations d'arbres forestiers et fruitiers, il divisa la partie cultivable en quatre sections à-peu-près égales, dont deux furent constamment cultivées en grains, et les deux autres en prairies artificielles, en racines et en plantes légumineuses. Par cet assolement raisonné, étant parvenu à supprimer entièrement les jachères, il se trouva en peu de temps en état de nourrir de beaux et nombreux troupeaux, et d'obtenir une masse d'engrais d'excellente qualité, avec laquelle il récolta, sans jachère, deux fois plus de grains que ses voisins après la jachère, dans des circonstances parfaitement égales d'ailleurs pour l'étendue et la qualité du terrain.

D'un autre côté, nous ne pouvions nous dispenser de remarquer que les nombreuses Sociétés d'agriculture établies sur divers points de la France, semblaient rivaliser de zèle pour propager parmi nos cultivateurs les connaissances relatives à cet objet fécond d'intérêt public et particulier. Celle du département de l'Ain, fortement imbue des principes que la fin malheureuse de *Varenne de Fenille*, l'un de ses fondateurs, l'avait empêché de réaliser comme il le désirait, promit, la pre-

mière après celle de Paris, des prix d'encouragement à ceux des propriétaires ruraux qui auraient
mis en pratique avec succès quelque nouvel assolement avantageux, en modifiant ceux qui étaient
usités dans leurs cantons. Cette Société a demandé
depuis, par un programme, si le mode d'assolement le plus communément usité pour les étangs
est susceptible d'amélioration sous le rapport des
produits alternatifs en poissons et en céréales, ou
en fourrages quelconques. Peu de temps après,
celle de Montauban promit également des récom-
penses à ceux qui lui indiqueraient les meilleurs
assolemens pour le département de Tarn-et-Ga-
ronne, et un grand nombre d'autres Sociétés s'em-
pressèrent d'imiter d'aussi utiles exemples, non-
seulement en France, mais à l'étranger ; ce qui
produisit les plus heureux résultats.

Nous signalons spécialement parmi celles qui
se sont occupées parmi nous de cet important objet, et qui se multiplient heureusement depuis
quelque temps, celle de Versailles, qui, en 1800,
demandait, par son progamme, *quelles sont les
cultures intermédiaires des terres à blé les plus convenables aux diverses qualités de celles du département de Seine-et-Oise*, et qui a depuis inséré dans
ses mémoires d'excellens articles fournis par plusieurs de ses membres sur cet objet, d'après les

résultats de leur pratique; celle de la Haute-Saône, qui, en 1803, proposa l'adoption de l'assolement quadriennal, après s'être livrée à quelques essais comparatifs à cet égard; celles des Hautes-Alpes, qui couronna, en 1807, le Mémoire de M. *Serres de la Roche-des-Arnauds* sur le meilleur moyen d'assolement à introduire dans ce département; celle de Cambrai, qui a aussi couronné un *Mémoire de M. Drapier sur la suppression des jachères;* celle de Dinant, à laquelle il fut fait en 1817 un excellent rapport sur les assolemens, par un de ses membres les plus instruits dans la pratique de l'agriculture, et qui vient de promettre des primes d'encouragement aux cultivateurs qui mettront en expérience les commencemens d'un cours déterminé, en indiquant l'assolement quadriennal; celle de Rouen, qui vient aussi d'insérer dans son *Mémorial instructif d'agriculture et d'industrie*, un très-bon travail de M. Lemarié fils sur la rotation des cultures, qu'il a adoptée avec un plein succès, en réformant l'ancienne routine; celle de Provins, qui vient encore d'annoncer qu'elle accordera des médailles d'or aux cultivateurs qui auront le plus diminué leurs jachères; celle du département de l'Eure, qui promet aussi des prix aux cultivateurs qui auront le plus utilisé ces mêmes

jachères; celle de Lyon qui, par son dernier programme, a proposé deux questions importantes,
relatives au perfectionnement des assolemens : la
première sur le mode de nutrition des végétaux,
et la seconde sur l'alternat comparatif des pommes
terre et du trèfle avec le froment; enfin celle de
Boulogne-sur-Mer, qui, depuis sa création,
fixe si agréablement et si utilement notre attention, et qui vient également de proposer des ré-
compenses pour le meilleur *Mémoire sur le produit
net, comparé pendant un ternaire, des terres de
même qualité tenues en jachères, et de celles
où la méthode des jachères a été abandonnée.*

Nous dirons aussi à cet égard que dernièrement encore, la Société d'agriculture, sciences et
arts du département de l'Aube vient de publier
un programme, par lequel elle propose *un grand
prix de 1500 francs* à l'agriculteur de ce département qui aura introduit le meilleur assolement
sur une étendue de 11 hectares au moins de terres
labourables soumises au cours triennal, et des
primes d'encouragement à ceux qui auront le plus
approché de la perfection demandée. Ce programme est accompagné d'une courte instruction
sur la nécessité d'un bon assolement, dans laquelle nous avons vu avec peine que le rédacteur,
à l'imitation de quelques autres écrivains, a choisi

ses exemples chez nos voisins, tandis qu'il eût été facile et plus convenable, comme nous le prouverons plus loin par de nouveaux faits, d'en trouver d'aussi concluans et d'aussi encourageans dans notre patrie : et nous transcrirons ici à ce sujet les réflexions très-sensées que M. le comte *François de Neufchâteau* a insérées dans son travail, publié en 1811, *Sur l'influence que la Société d'agriculture du département de la Seine a exercée sur l'amélioration de l'agriculture.* « L'ouvrage de M. *Yvart* sur la succession des cultures alternatives est un monument précieux des succès extraordinaires obtenus en ce genre par l'agriculture française. Par là nous avons mieux connu ce dont se vantent nos rivaux; par là nous avons pu mieux apprécier nos ressources. Une nation ne doit point s'exagérer ce qu'elle vaut; mais elle doit aussi savoir ce qu'elle peut et ne doit pas se rabaisser elle-même. »

Depuis la publication de la première édition de notre travail, plusieurs auteurs recommandables nous ont encore fourni de nouveaux renseignemens plus ou moins précieux sur l'inépuisable matière des assolemens raisonnés, et nous distinguons particulièrement parmi eux les agronomes suivans :

1°. Notre intime ami, M. *Emmanuel Fellemberg*, qui, dans ses *Vues relatives à l'agriculture*

6*

de la Suisse, et aux moyens de la perfectionner, ouvrage traduit en 1808 par M. *Charles Pictet,* et que **M.** *Fellemberg* nous remit peu de temps après, lorsque nous eûmes l'avantage de visiter sa *terre classique* d'*Hofwyl*, s'est occupé particulièrement des rotations de culture, qu'il a perfectionnées avec tant d'art et de science sur son domaine.

2°. Notre savant compatriote, M. le baron *Dumont de Courset*, qui, dans une seconde édition de son *Botaniste cultivateur*, publiée en 1811, s'est également occupé, comme il l'avait déjà fait dans ses *Mémoires sur l'agriculture du Boulonnais,* des assolemens, qu'il a aussi perfectionnés sur sa belle propriété rurale.

3°. M. *Faure de Briançon,* auteur du *Berger des Alpes* et d'un bon ouvrage sur les *prairies artificielles,* qui, dans la position la plus défavorable pour le climat, est parvenu à substituer au ruineux système des jachères, l'assolement le plus avantageux, en intercalant judicieusement la pomme de terre, l'avoine, le trèfle, ou le sainfoin, ou la luzerne, et le froment ou le seigle.

4°. M. *Thaër,* qui a consacré aux assolemens plusieurs chapitres du 1er. volume de ses *Principes raisonnés d'agriculture,* publiés en 1811.

5°. M. le vicomte *Héricart de Thury,* qui, dans

une *Description minéralogique du département de l'Isère*, imprimée en 1812, dans laquelle il parle, en habile géologue et en agriculteur instruit, du plâtre et de la marne, nous a donné des renseignemens intéressans sur quelques-uns des meilleurs assolemens introduits dans ce département.

6°. M. *Quenin*, auteur d'un *Mémoire sur les prairies artificielles*, couronné par la Société des amis des sciences, des lettres, de l'agriculture et des arts, établie à Aix, et qui, dans un nouveau Mémoire, couronné par la Société d'agriculture du département de la Seine en 1810, et inséré dans sa Collection en 1813, nous a donné les détails d'une succession de cultures qu'il avait établie sur sa ferme dans le département des Bouches-du-Rhône, *« laquelle était réglée de manière que la terre ne passait pas un instant sans être occupée; qu'elle produisait en quatre années au moins quatre récoltes, souvent cinq et même six. »*

7°. M. *Schwertz*, qui, dans les savantes descriptions de l'agriculture de la Belgique et de l'Alsace, a fait ressortir tous les avantages qui résultaient des meilleures rotations introduites dans ces contrées.

8°. M. *Lullin*, qui a consigné dans ses intéressantes *Lettres sur l'Italie*, comme M. *Simonde* dans son *Ouvrage sur la Toscane*, un grand nombre d'excellentes pratiques agricoles usitées dans cette riche partie de l'Europe.

9°. M. *Carbonnet*, propriétaire cultivateur d'un des domaines les plus considérables du département de la Marne, aujourd'hui correspondant du Conseil d'agriculture, et dont le Mémoire, couronné en 1813 par la Société du département de la Seine, annonce qu'il s'est particulièrement attaché à réformer les assolemens de ses fermiers *d'après nos principes*, et qu'il y a réussi, même sur les terres les plus ingrates de sa propriété, dont le sol est sableux, ou crayeux, ou marécageux, sur lesquelles il a introduit les plantes oléifères. En intercalant judicieusement ces plantes, ainsi que la pomme de terre, la carotte, la betterave, le chanvre, le sarrasin et le topinambour avec les céréales, il a amélioré sa terre et a beaucoup augmenté ses produits. Convaincu qu'en agriculture comme en toute autre entreprise, les termes de comparaison sont toujours de la plus grande utilité pour asseoir un jugement sain sur le résultat des essais auxquels on se livre, cet agriculteur n'a pas négligé d'observer et de noter toutes les différences sensibles que lui présentaient les récoltes de deux terrains dans la même position, sur l'un desquels la jachère avait été maintenue l'année précédente, tandis qu'elle avait été

remplacée sur l'autre par des cultures améliorantes;
et il s'est convaincu, par cette comparaison, de la
grande supériorité que le nouveau mode avait sur
l'ancien, sous les rapports importans de la netteté
et de l'abondance des récoltes. Son exemple a produit aussi l'heureux effet de déterminer ses voisins à l'imiter.

10°. M. le marquis *de la Boëssière,* propriétaire
cultivateur à Malleville, près Ploërmel, département du Morbihan, dont la même Société a aussi
couronné le Mémoire et les succès, consignés dans
sa Collection, lequel, après avoir visité en observateur instruit plusieurs états de l'Europe, a cru
devoir fixer son utile et honorable retraite dans
un des départemens de la France les moins avancés
en agriculture, sur une propriété d'un sol mé-
diocre, exclusivement affectée avant lui à la production du seigle, de l'avoine et du sarrasin, qui
se succédaient invariablement depuis un temps
immémorial. Il s'est prudemment attaché d'abord
à concentrer sur une faible surface tous ses projets
et ses moyens d'amélioration, en les étendant pro-
gressivement ensuite en raison de ses succès. Ses
essais ont aussi toujours été comparatifs : il s'est
imposé la loi sage de ne diminuer en rien sur son
exploitation le produit ordinaire en grains, et s'il a
diminué la surface du terrain qu'on y employait

habituellement, ce n'a été qu'après avoir acquis la certitude que la supériorité de culture balançait avec avantage ce retranchement. Il s'est appliqué conséquemment à multiplier les prairies artificielles dans une proportion convenable pour obtenir l'effet désiré.

Ayant reconnu, par de nombreuses expériences, diversifiées de toutes les manières, qu'il fallait renoncer au sainfoin et à la luzerne dans la contrée qu'il habitait, il a dirigé ses vues vers le trèfle ; et désirant augmenter autant que possible le nombre de ses bestiaux, afin d'accroître la masse de ses engrais, et par une suite nécessaire ses produits en grains ; désirant sur-tout procurer à ses animaux, pendant toute l'année, une suffisante provision de nourriture verte, objet de la plus haute importance dans toutes les entreprises de ce genre, il a porté son attention sur les cultures intercalaires et successives, 1°. de la pomme de terre, dont il est parvenu à obtenir jusqu'à 100,000 kilogrammes ; 2°. de l'ajonc, qui, avec ce précieux tubercule, faisait la base de la nourriture verte d'hiver pour ses bestiaux ; 3°. du colza en fleur, qui remplaçait de bonne heure ces plantes au printemps ; 4°. de diverses variétés de raves et de navets employés de la même manière, et qui succédaient au colza ; 5°. de rutabagas ou navets de

Suède, qui venaient ensuite, et qui, avec le vert des céréales mêlé à celui de la vesce, suffisaient amplement à ses bestiaux jusqu'à l'époque du fauchage des prairies, époque si impatiemment désirée par tous les cultivateurs routiniers et imprévoyans, qui ne savent pas tirer un parti avantageux de leurs jachères.

La betterave, le sarrasin, le chou pancalier et le chanvre, entraient aussi dans le plan de ses cultures intercalées avec les céréales, et il avait constamment en vue, en les adoptant, d'*engraisser et de sarcler* son terrain, comme il nous l'apprend. C'est à quoi il s'appliquait sur-tout dans ses défrichemens, pour lesquels il avait imaginé un instrument propre à nettoyer et à ameublir la terre à une grande profondeur, d'une manière expéditive et économique, mieux qu'avec la bêche, et en convertissant les herbes nuisibles en engrais très-utile.

Quoique toute l'exploitation de M. *de la Boëssière* fût devenue une véritable *ferme expérimentale,* il y établit cependant une réserve particulière d'un champ de 4 hectares, désigné sous la dénomination de champ de l'*Omnium*, destiné à des expériences de tous genres, à toutes les cultures plus recherchées de plantes exotiques et autres, notamment à celle de la rhubarbe, qu'il cultivait en grand.

Les fermiers qui exploitaient ce bien avant que le propriétaire y entreprît les grandes améliorations dont nous venons de donner une faible idée, étaient réputés bons cultivateurs ; et cependant le produit en grains de 16 hectares et demi, cultivés par eux, n'a jamais approché, dans les meilleures années, de celui qu'ont fourni, dans les moindres, 11 hectares seulement, cultivés d'après le nouveau mode d'assolement ; enfin, les années communes de ces fermiers ne produisaient guère que la moitié de ce qu'elles produisent depuis sur ce même terrain diminué d'un tiers, c'est-à-dire que les produits ont à-peu-près triplé à terrain égal ; et il est bien essentiel de remarquer encore que le froment a pourtant été substitué au seigle.

Ces fermiers n'entretenaient sur la totalité de l'exploitation qu'environ trente têtes de bétail, et ce nombre a été plus que doublé par le propriétaire, y compris un troupeau de bêtes à laine améliorées.

Le nombre des individus qui ont trouvé sur cette exploitation une occupation honnête et lucrative dans des travaux d'amélioration de divers genres, a été sextuplé au moins depuis la nouvelle administration, et les bénéfices, qui ont été consacrés à des améliorations toujours croissantes, se sont élevés à une somme très-satisfaisante, bien constatée par le registre rural par lequel M. *de la Boëssière* termine son mémoire. Ces bénéfices réels, joints à la satisfaction d'avoir puissamment contribué à l'approvisionnement des marchés dans un temps de disette, ainsi qu'à l'entretien d'un grand nombre d'ouvriers, constituent une masse d'avantages bien propres à exciter les propriétaires ruraux à diriger leurs capitaux vers de pareilles entreprises.

« On ne sait pas, comme l'observe avec raison M. *de la Boësserie*, tout ce que peut produire la terre lorsqu'elle est bien traitée. C'est une mine d'un rapport incalculable, s'écrie-t-il au milieu de ses succès, avec l'enthousiasme qu'ils doivent lui inspirer. Il ne faut que savoir l'exploiter ; l'homme foule aux pieds tous les jours des trésors qu'il n'a pas besoin d'aller chercher au-delà des mers. Une portion considérable de la société éprouve des besoins et vit dans les privations, et il ne faudrait que se baisser vers cette mère libérale, et l'aider dans son désir de produire, pour en faire sortir l'abondance et les jouissances. Avec les secours de l'homme bien dirigés, elle ne craindrait jamais une surcharge de population, et son sein nourrirait et entretiendrait dans l'aisance dix fois celle qui la couvre. Puissent tous les regards se diriger vers elle, et toutes les protections, toutes les lumières y voir un digne et vaste champ où exercer leur puissance ! »

11°. M. le baron *Picot de la Peyrouse*, propriétaire cultivateur dans le canton de Montastruc, département de la Haute-Garonne, qui, dans la *Topographie rurale* de ce canton, présentant le tableau des améliorations introduites dans son agriculture, ouvrage également couronné par la Société royale et centrale en 1814, et inséré dans sa *Collection*, nous apprend que « dans ce canton, dont l'assolement le plus général consistait dans un alternat indéfini de récoltes et de jachères, les prairies artificielles, dont un tiers de ses terres labourables était habituellement couvert, éloignaient le retour des céréales, au moins jusqu'à la troisième, souvent à la quatrième, quelquefois à la cinquième année, et que cependant ses récoltes, bien loin d'avoir diminué en quantité, étaient augmentées dans une forte proportion. Et il ajoute : « par la culture étendue de la pomme de terre, sans me priver d'aucune espèce de récolte, je trouve sur les stériles jachères de l'ancien alternat une ressource inépuisable pour soutenir en bon état une grande quantité de bestiaux. »

12°. M. le chevalier *Demaisons*, propriétaire cultivateur à Menil-Glaise, canton d'Écouché, arrondissement d'Argentan, département de l'Orne, qui reçut aussi une médaille d'or de la même Société, pour avoir supprimé la jachère en cultivant encore la pomme de terre avec un plein succès, et en substituant en outre à l'assolement triennal une rotation raisonnée de cinq années, dans l'intention bien louable de prouver à ses voisins, par un exemple frappant, l'inutilité de la jachère absolue.

13°. M. le vicomte *Morel de Vindé*, qui, dans la *Notice sommaire*, publiée en 1816, *sur les assolemens* qu'il avait adoptés depuis douze ans à la Celle-Saint-Cloud, près Versailles, sur des terres de moyenne qualité, sablonneuses et pierreuses, mais assez fraîches parce que la couche de glaise est près de la superficie du sol, nous démontre qu'en y adoptant un grand assolement consistant en une rotation de six années, et un petit assolement particulier, dont la rotation embrassait sept années, il est parvenu à nourrir de nombreux troupeaux de mérinos, et à augmenter tous les produits de sa terre, en l'améliorant chaque année de plus en plus.

14°. M. *Aubry-Patas*, qui, dans un rapport très-détaillé fait à la Société d'agriculture d'Indre-et-Loire, en 1817, indique, d'après son expérience, les divers plans d'assolement les plus convenables aux différentes natures de terre de ce département.

15°. M. le comte *de Cassini*, qui, sous l'ingénieuse allégorie des *Entretiens d'un propriétaire avec son fermier sur l'avantage de la suppression des jachères*, publiés aussi en 1817, a prouvé qu'il était un véritable *ami du laboureur*, comme il démontre, par sa pratique raisonnée, qu'il est un savant agriculteur.

16°. M. *Charles Pictet*, qui a enrichi la *Bibliothèque britannique* de plusieurs articles nouveaux sur différentes rotations de cultures avantageuses, notamment pour le trèfle incarnat, sur lequel il a eu la bonté de nous adresser directement des renseignemens précieux, que nous ferons valoir à cet article.

17°. MM. *Trochu*, à Belle-Ile-en-mer, département du Morbihan; *Barmond*, près Sisteron, département des Basses-Alpes; et *César Roger*, près Saint-Dizier, département de la Haute-Marne. Ils nous ont encore fourni de nouvelles preuves de la possibilité de supprimer les jachères avec le plus grand avantage, au moyen d'assolemens raisonnés, admis sur des terres de qualités très-variées et généralement peu fertiles, dans les mémoires couronnés en 1818 par la Société royale et centrale, laquelle laisse toujours ouvert son concours pour l'abolition des jachères, qui lui a déjà fourni l'occasion d'encourager un grand nombre de cultivateurs.

18°. M. le baron *Dewal de Baronville*, qui, dans un travail très-instructif, sur lequel la même société nous a chargés de lui faire, en 1819, un rapport qu'elle a publié, rend compte de ses heureux résultats, ainsi que de ceux de son fermier, pour la suppression de la jachère sur ses propriétés.

19°. M. le comte *Louis de Villeneuve*, l'un des cultivateurs les plus distingués de nos provinces méridionales, qui, dans un *Essai d'un manuel d'agriculture*, imprimé en 1819 par ordre de la Société de Toulouse, rend aussi compte du système de culture qu'il a suivi pendant dix-neuf ans dans le domaine de Haute-Rive, commune de Castres, département du Tarn.

20°. M. *Crud*, le savant traducteur de *Thaër*, qui a publié en 1820, dans son *Économie de l'agriculture*, des détails fort intéressans sur les assolemens, d'après sa pratique aussi éclairée qu'elle est étendue et variée.

21°. M. *de l'Epinois*, correspondant du Conseil d'agriculture, qui, en faisant paraître, l'année dernière, le *Petit cours d'agriculture*, a rendu justice à nos principes, après les avoir confirmés par son heureuse pratique sur son domaine de Haute-Fosse, dans le département de Seine-et-Marne.

22°. M. *Mathieu*, médecin vétérinaire à Épinal, et l'un de nos élèves les plus instruits, qui vient de publier, cette année, un *Voyage agricole dans les Vosges*, où il s'occupe essentiellement des assolemens.

23°. M. *Turck*, un autre de nos élèves, très-zélé pour la propagation des bonnes pratiques agricoles, neveu du savant agriculteur *Bertier de Roville*, et qui nous a communiqué les résultats avantageux qu'il est parvenu à obtenir, par une judicieuse rotation de cultures, sur son domaine de Sainte-Geneviève, près Nanci, sur un sol extraordinairement ingrat sous plusieurs rapports.

24°. Notre estimable confrère, M. *Vilmorin*, qui nous a fourni, avec l'empressement qu'il met toujours à seconder les vues utiles, des renseignemens précieux pour notre objet, que ses relations étendues avec nos agriculteurs les plus distingués lui ont procurés, et que sa pratique éclairée lui a également fait connaître.

Tous ces agriculteurs ont enrichi la science rurale de faits bien précieux. Nous nous sommes aussi livrés nous-mêmes à un assez grand nombre d'essais, et ils nous ont procuré de nouvelles connaissances, que nous nous faisons un devoir de communiquer aux personnes en état de les apprécier.

Maintenant que nous croyons avoir bien démontré toute l'importance de l'objet qui nous occupe, par le grand nombre d'hommes de mérite qui, sur différens points et à diverses époques, ont cru devoir en faire le sujet de leurs recherches, de leurs méditations, de leurs expériences et de leurs écrits, nous devons passer à quelques considérations générales sur l'utilité des bons assolemens, et examiner quels sont les principaux moyens d'en étendre la pratique parmi nous, avant d'exposer et de développer successivement nos principes sur cet intéressant objet.

Considerations générales sur l'utilité des bons as-solemens et sur les meilleurs moyens de perfectionner notre agriculture en les propageant en France.

Plusieurs motifs d'un grand intérêt se réunissent en ce moment pour élever promptement, dans toute la France, la science des assolemens au plus haut degré de perfection. Nous voyons, d'une part, les heureux moyens de communication et de transport que les nouvelles routes et les nouveaux canaux ont multipliés sur un grand nombre de points, permettre presque par-tout, en procurant des véhicules avantageux aux produits des cultures, l'introduction de celles qui n'enrichissaient autrefois que quelques cantons favorisés; et nous devons espérer que, d'après le rapport fait au roi par S. Ex. le ministre de l'intérieur et par M. le directeur des ponts-et-chaussés, ainsi que d'après les excellentes observations de M. le baron *Chassiron*, l'ancien projet de navigation intérieure va enfin se réaliser pour accroître nos ressources. D'une autre part, la propagation de la race des mérinos, en exigeant pour devenir aussi rapide qu'assurée, l'admission des prairies artificielles, sans lesquelles il ne peut y avoir chez

nous d'économie rurale essentiellement bonne,
et avec lesquelles il ne peut non plus y en avoir
de bien mauvaise ; en exigeant encore, pour assurer une bonne nourriture verte aux troupeaux en
hiver, la culture des plantes dont la racine fait
le principal produit, doit nécessairement étendre
le nombre, trop circonscrit presque par-tout, des
végétaux soumis aux grandes cultures. Enfin l'ac-
croissement rapide de la population, et la possibilité bien reconnue aujourd'hui d'obtenir du sol et
du climat de ce royaume une partie des productions dont une terre étrangère le rendait autrefois
entièrement tributaire, permettent aussi l'introduction, sur plusieurs points, de la culture des
plantes alimentaires, textiles, tinctoriales, oléifères et médicinales, qui peuvent fournir les matières premières que réclame la prospérité de nos
manufactures et de nos arts, sans nuire en aucune
manière au produit des céréales, qu'elles doivent,
au contraire, assurer et augmenter par de bons
assolemens, comme nous le démontrerons.

Ainsi, cette nation dont tant d'intrépides guer-
riers, nouveaux *Cincinnatus*, sont passés du
champ de Mars dans celui de Cérès, en déposant
glorieusement le fer de l'épée pour prendre celui
de la charrue ; cette nation qui ne renferme pas
aujourd'hui, comme on l'a proclamé dernière-

7 *

ment à la tribune de nos députés, un seul hameau où le champ paternel ne soit fécondé par le guerrier qui l'avait quitté pour le champ d'honneur ; cette nation dont l'agriculture doit désormais réparer les pertes immenses qu'éprouvera long-temps encore son commerce maritime, et dont le perfectionnement de l'économie rurale a accru prodigieusement la valeur des domaines ruraux depuis trente ans ; cette nation commence à sentir assez généralement la nécessité et les avantages d'accroître considérablement la masse de ses richesses territoriales, en couvrant, chaque année, sans interruption, la totalité de notre sol de quelque production avantageuse, au lieu de le laisser se détériorer souvent par cette *oisiveté périodique* qu'on qualifie si improprement du nom de *repos*. Ainsi, les bons esprits avouent unanimement par-tout que la destruction de la *jachère* est la plus grande et la plus désirable de toutes les améliorations agricoles. On commence aussi à se pénétrer de cette importante vérité que sans un assolement judicieusement adapté aux circonstances locales dans lesquelles on se trouve, il ne peut y avoir d'agriculture solide et réellement florissante nulle part.

On peut avancer maintenant, sans craindre d'être blâmé, que le premier des arts ne doit plus être exclusivement, comme autrefois, le partage des derniers des hommes en connaissances utiles et en idées libérales; et l'on reconnaît encore avec un des meilleurs écrivains de ce siècle, que *celui qui parvient à faire croître deux épis de blé ou deux brins d'herbe là où il n'en croissait qu'un auparavant, est plus utile à l'humanité et rend un service plus essentiel à son pays, que tous les politiques du monde entier réunis.*

Avouons donc que s'il est une vérité bien reconnue aujourd'hui, c'est que notre agriculture ne peut être promptement et solidement élevée par-tout au degré d'amélioration qu'elle est susceptible d'atteindre, que par le perfectionnement des assolemens et des procédés de culture. Cet art, qu'on a regardé à juste titre comme la base la plus solide de la prospérité des empires et le plus ferme appui de leurs forces, parce qu'il devient réellement le principe de vie de tous les états, en assurant une nombreuse et vigoureuse population, en conservant la pureté de ses mœurs, en maintenant par là son indépendance et en fournissant abondamment aux manufactures, au commerce et à tous les arts industriels, des alimens tirés de leur propre sol; cet art par excellence ne peut être appuyé solidement que sur de bons assolemens.

Mais, il faut le dire hautement, faute de connaître les vrais principes qui doivent présider aux rotations de culture qui excluent la jachère, on est souvent forcé de revenir honteusement à cette pratique, après avoir donné aux routiniers l'exemple scandaleux sur lequel ils s'appuient pour rester dans l'ornière où ils se traînent, c'est-à-dire l'exemple d'une culture dispendieuse et malpropre, plus avide que raisonnée, dont le resultat inévitable est l'épuisement de la terre et la ruine des nouveaux cultivateurs qui l'ont mal traitée.

Afin d'éviter à l'avenir d'aussi graves inconvé·niens aux nouveaux propriétaires ruraux qui se sont tant multipliés depuis notre révolution, qui éprouvent journellement le besoin d'être dirigés dans leurs utiles travaux, et qui pourraient marcher, faute de guide convenable·, sur les traces de ces hommes inconsidérés ; afin de convaincre aussi les incrédules que notre art a, comme tous les autres, des règles qu'on ne peut méconnaître sans courir le risque de compromettre le succès des entreprises agricoles ; nous avons réduit à un petit nombre de principes ceux dont la connaissance nous a paru nécessaire pour l'adoption de nouveaux plans de culture raisonnée, et nous avons ensuite adapté ces principes à chacun es végétaux qui entrent dans le domaine de nos exploitations rurales, en nous rappelant avec M. le comte *François de Neufchâteau* qu'appliquer le travail des hommes à la culture de la terre d'une manière qui stimule et récompense ce travail dans le même temps qu'elle augmente la fertilité, c'est résoudre un double problème., c'est servir à la fois l'agriculture et la patrie.

Qu'il nous soit permis d'entrer ici dans quelques détails à cet égard, afin de faire bien connaître la marche que nous avons suivie dans l'exécution de notre plan.

Nous avons eu occasion de remarquer, et d'autres sans doute ont fait la même remarque, qu'on était souvent plus embarrassé après la lecture de différens ouvrages d'agriculture qui traitaient le même sujet, qu'on ne l'était auparavant, parce que la plupart des auteurs, jugeant d'après ce qu'ils ont vu ou cru voir, et trop souvent aussi d'après ce qu'ils ont lu seulement, veulent ériger en règles générales de simples observations particulières, quelquefois même très-douteuses; et nous nous sommes attachés à éviter une semblable conduite, en ne donnant pour règles que des choses qui nous ont paru bien avérées et

dont nous avions le plus souvent constaté la solidité par notre propre expérience.

Cependant nos principes, que nous avons
étayés de faits authentiques, toutes les fois qu'ils
nous ont paru nécessaires; les conséquences qui
en découlent et les nouveaux plans de culture qui
s'ensuivent, seront, nous ne le dissimulons pas,
des sujets de défiance pour un grand nombre de
cultivateurs. Mais, nous devons l'avouer ici, la
répugnance que la plupart d'entre eux manifestent lorsqu'il s'agit de tenter les choses nouvelles qu'on leur offre comme utiles, nous paraît
devoir être attribuée bien moins souvent à l'empire de l'habitude qu'à la funeste exagération des
promesses mensongères qu'on leur a faites en
maintes circonstances, en les engageant à sortir
de leur routine ; et cette précieuse classe de l'état
a été si fréquemment la dupe des nouvelles pratiques qu'on lui a vantées avec tant d'emphase et
de charlatanisme, qu'on ne peut réellement être
étonné qu'elle se tienne fortement sur ses gardes,
lors même qu'on lui propose des choses véritable-
ment utiles.

Néanmoins si la prudence conseille aux cultivateurs une juste retenue à l'égard des choses
douteuses ou exagérées qu'on leur indique, leur

intérêt doit les porter vers la pratique de celles
dont une longue et constante expérience a suffisamment démontré l'utilité ; ils doivent enfin reconnaître avec un de nos écrivains en économie
rurale, que des opinions vulgaires, transmises
presque toujours par les préjugés à la paresse,
et par l'ignorance à la crédulité, ne sont pas des
opinions proprement dites, et qu'elles doivent
toujours céder à la réflexion et à la comparaison
des faits : car, comme l'observe avec raison
M. *Pictet*, ceux qui ont réfléchi sur ces objets,
savent très-bien que l'agriculture d'un pays se
compose d'un assemblage de pratiques, sur lesquelles la nature des choses a sans doute eu
quelque influence, mais dont le hasard sur-tout a
décidé. Prétendre qu'il y a toujours quelque
bonne raison de tel ou tel usage agricole dans
chaque canton, et partir de-là pour proscrire toute
idée nouvelle, est une manière de raisonner qui
condamne ceux qui cultivent la terre, à se mou-
voir toujours dans le même cercle d'erreurs.

Ce qui est bon ou mauvais en agriculture, ne
pouvant jamais l'être que relativement, comme
en toute autre chose , chacun blâme ou approuve
certaines méthodes d'après ses rapports avec elles.
C'est ce qui fait que cet art ou plutôt cette science,
qui paraît si facile à ceux qui ne l'étudient pas ,

parce que la présomption, compagne de l'ignorance, croit savoir d'autant plus qu'elle ignore
davantage, paraît au contraire si difficile à ceux
qui en font leur unique et constante étude, parce
que les doutes naissent toujours en raison directe
du savoir de celui qui les éprouve.

D'ailleurs, dans aucune partie peut-être des
sciences exactes, la manie de vouloir tout généraliser n'est plus nuisible qu'en économie rurale.
Les nuances des divers sols, amendemens et engrais, sont si variées, que l'analogie et la théorie peuvent quelquefois induire en erreur le praticien même le plus éclairé. Il n'est pas toujours
convenable de conclure d'un cas pour un autre,
que l'on présume être semblable ; il convient de
se prémunir contre les erreurs de l'analogie et les
promesses de la théorie ; et la prudence conseille
d'ailleurs d'essayer d'abord en petit l'application
des règles générales, et de les soumettre ainsi à
son jugement et à sa pratique.

Le succès des entreprises en ce genre dépend
tellement aussi de l'influence atmosphérique, et
d'autres circonstances accidentelles que l'on ne peut
prévoir ni prévenir, que le résultat de deux expériences semblables, entreprises à des époques
différentes, peut à peine être jamais exactement
le même. Ainsi, une bonne récolte n'annonce

pas toujours d'une manière certaine un cultivateur habile ; et la beauté, ainsi que la bonté des productions, ne répondent pas toujours non plus aux soins qu'il prend pour les obtenir : d'où l'on voit que le succès est nécessairement subordonné en partie à des causes occultes qu'il est impossible ou au moins très-difficile de deviner dans l'état actuel de nos connaissances ; et ce succès résulte souvent encore d'un concours heureux de circonstances. C'est ce qui avait fait dire aux anciens que l'année influait plus que la terre sur la production des fruits : *Annus fructificat, non terra.*

Nous n'avons jamais oublié dans le cours de notre ouvrage, et nous désirons que tous ceux qui se disposent à soumettre à l'essai quelques-uns des plans de culture que nous leur recommandons le plus fortement d'après notre expérience, aient aussi toujours présente à l'esprit cette grande et importante vérité : *Les règles les plus positives en agriculture sont plus ou moins susceptibles, dans leur application, de modifications déterminées par les circonstances locales.* La différence des climats, des sols, des expositions, des besoins, des usages, des habitudes et des débouchés, doit souvent en nécessiter de grandes ; et loin de croire avec quelques écrivains qu'il faille toujours faire plier ici rigoureusement les circonstances aux

règles, nous pensons bien fermement, au contraire, que le grand art consiste à modifier convenablement ces règles d'après les circonstances,
et à observer, aider et imiter la nature, simple
dans sa marche et dans ses moyens , au lieu de
s'obstiner à la contrarier inutilement, en se refu-
sant à reconnaître que l'expérience seule a le
droit de nous guider.

Nous avons donc eu l'intention d'indiquer ce
qu'il convenait, selon nous , de faire le plus généralement , et ce que l'on pouvait , dans quelques cas, ne pas faire, sans cesser pour cela d'être
bon cultivateur ; mais nous n'avons jamais eu la
prétention de vouloir appliquer nos principes à
tous les cas, d'une manière absolue et exclusive,
tous les cas d'ailleurs ne pouvant être prévus et
déterminés, et l'expérience aidée de l'intelligence apprenant beaucoup plus que les préceptes à adapter judicieusement les règles aux cas
qui se présentent.

Nous sommes d'ailleurs bien convaincus depuis
long-temps qu'un système général de culture,
tel que l'on a cherché plusieurs fois à l'établir en
théorie , est une chose impossible en pratique ; et
il est aussi absurde en agriculture de vouloir
tout soumettre à un régime unique et exclusif,
que de chercher à tout varier sans motif plausible,

et à tout admettre sans nécessité et sans restriction.

Nous pensons aussi que s'il est vrai, comme
le dit un vieil adage, qu'*expérience passe science*;
et s'il est vrai encore, comme le dit *Voltaire*, que
*les bonnes expériences de physique sont celles de la
culture de la terre*, il ne l'est pas moins qu'il n'y
a en économie rurale d'expériences réellement
instructives et décisives, que celles qui sont stric-
tement comparatives, répétées et variées; l'influence si directe st si forte de la constitution atmosphérique plus ou moins avantageuse, influence que nous ne saurions trop rappeler, à
laquelle seule on devrait quelquefois rapporter
entièrement des résultats que l'on attribue souvent à toute autre cause, supposée ou très-éloignée,
doit toujours être prise dans là plus grande considération, comme nous l'avons fait dans nos recherches et dans nos efforts pour découvrir la
vérité.

Nous dirons ici, à ce sujet, que lorsqu'on veut
essayer une nouvelle espèce ou variété de plante
peu connue, on place souvent la petite quantité
de graine qu'on en reçoit, dans des circonstances
favorables, qui ordinairement déterminent seules
les résultats avantageux que l'on admire, et que
l'on vante ensuite au public trop crédule, sans

réfléchir que les plantes connues du même genre, cultivées en grand depuis long-temps avec succès, placées dans les mêmes circonstances, eussent donné des résultats équivalens et peut-être supérieurs. Il est donc indispensable pour obtenir des résultats certains, réellement utiles, de placer toujours, comme nous le faisons constamment dans notre champ d'essais comparatifs, les espèces et les variétés bien connues, à côté des nouvelles espèces ou variétés, et dans les mêmes circonstances, afin de pouvoir les apprécier convenablement sous tous leurs rapports importans.

Nous dirons encore que les citadins qui prennent le parti de se retirer à la campagne pour s'y livrer aux travaux agricoles, s'imaginent généralement que rien n'est si facile que de cultiver la terre, parce qu'ils la voient cultivée par des hommes grossiers et qui leur paraissent ignorans. Imbus de la lecture de quelques-uns de ces ouvrages plus séduisans par le titre que réellement utiles par le fond, et qu'une pure spéculation mercantile a trop souvent mis au jour ; séduits par les promesses mensongères de produits exagérés, et par la réticence que l'on a grand soin d'observer sur les dépenses qu'ils exigent ; ils se hâtent de bouleverser tout le système rural du canton qui va bientôt devenir témoin de leur ignorance et de leurs fautes ; ils prononcent anathème à d'anciens usages qu'ils n'ont pu étudier, qu'ils refusent d'apprécier à leur juste valeur, quoiqu'ils aient reçu la sanction du temps, et quoiqu'ils soient cependant quelquefois les seuls qui conviennent réellement aux localités qui en jouissent. Impatiens de réaliser leurs chimères, et se dissimulant à eux-mêmes leur défaut d'instruction positive, comme ils voudraient pouvoir le cacher à ceux qui les entourent et les observent ; négligeant de soumettre leurs entreprises à de mûres réflexions et à des calculs solides, ils agissent avec autant de précipitation que d'irréflexion ; ils ne tardent pas à éprouver des mécomptes et des dégoûts, et à devenir la fable de ceux qu'ils avaient la prétention d'endoctriner. Ajoutons que ce fâcheux résultat est d'autant plus accéléré, que, n'ayant aucune notion de pratique, ils sont obligés de confier leurs intérêts les plus chers à des mercenaires qui, loin de leur indiquer et de suivre eux-mêmes les voies les plus courtes, les plus simples et les meilleures pour arriver au but désiré, s'en écartent au contraire tant qu'ils peuvent, par intérêt personnel, et les précipitent dans la ruine. Ces nouveaux Triptolème parviennent par là à discréditer pour long-temps, dans l'esprit des cultivateurs, des pratiques bonnes en elles-mêmes, mais mal conçues et mal exécutées; et c'est ainsi que la bonté d'un procédé nouveau est souvent compromise par la manière avec laquelle on procède à son exécution.

Disons aussi que tandis que quelques instans suffisent souvent pour voir éclore les découvertes les plus précieuses et les plus réelles en physique, en chimie, en médecine, en histoire naturelle, il faut généralement plusieurs années pour bien constater la réalité de la plus simple découverte en économie rurale ; circonstance qui en retarde nécessairement les progrès, et qui, au lieu de ralentir le zèle des agriculteurs, doit au contraire l'exciter et sur-tout l'entretenir.

Il convient donc, lorsque l'on désire réformer d'anciens assolemens, de ne pas chercher à y arriver par une transition brusque et irréfléchie, de ménager autant qu'on le peut les vieilles habitudes et même les préjugés, et de se rappeler que le passage à une nouvelle rotation de culture exige nécessairement d'abord plus de bras, plus de capitaux, et une attention plus soutenue.

Il faut encore examiner si la nature et la situation des terres n'exigent pas que l'on adopte plusieurs modes d'assolement sur la même exploitation, comme nous avons vu M. *Morel de Vindé* le faire avec avantage sur la sienne, ainsi que

M. *de Lépinois* et d'autres agriculteurs instruits, et comme nous l'avons pratiqué nous-mêmes avec succès sur la nôtre.

Il ne faut pas oublier non plus qu'un grand nombre de causes qu'il est généralement impossible de saisir et d'apprécier, doivent rendre l'économe rural très-réservé sur les conséquences qu'il tire des résultats aperçus; car, quoique l'agriculture ne puisse se fonder solidement que sur des expériences, qui seules peuvent la porter à sa perfection, le raisonnement doit toujours les accompagner, pour qu'elles ne nous égarent pas, comme cela est trop souvent arrivé.

Au reste, ce qui fait, selon nous, que nos praticiens et nos théoriciens manifestent réciproquement un mépris quelquefois si prononcé les uns pour les autres, c'est qu'il manque ordinairement aux uns ce que les autres possèdent exclusivement, et que le complément de l'art et de la science ne se trouve réellement que dans l'heureuse et si rare réunion de la pratique qui agit et de la théorie qui éclaire.

De l'absence de cette réunion et des différentes manières de voir qui en sont souvent les suites, naissent ces diverses opinions auxquelles on s'attache, que l'on soutient si opiniâtrément, et qu'il est si dangereux quelquefois de heurter, relative-

ment aux points qui ne paraissent pas encore suffisamment éclaircis.

Nous devons dire, à cet égard, qu'il existe aussi
une intolérance agricole tout aussi exclusive que
celle qu'on a signalée depuis long-temps en matière de religion et de politique, et ajouter que plusieurs agronomes, fort instruits d'ailleurs et très-
recommandables sous plusieurs rapports, ennemis jurés des innovations, qu'ils apprécient mal,
blâment et désapprouvent, d'une manière absolue
très-prononcée, ce qui leur déplaît ou ne leur
convient pas. Ils ne veulent juger que d'après
leurs seuls essais, souvent fort incomplets, et
d'après des aperçus superficiels, ne faisant aucun
cas des expériences des autres, ne consentant à
leur faire aucune concession, et ne voulant pas
voir que ce qui peut ne pas convenir à certaines
positions et à telle localité, peut très-bien aussi
devenir fort avantageux dans d'autres circonstances opposées aux premières, et qu'il est d'autant moins sage de conclure sans réserve et sans
restriction du particulier au général, qu'il est
plusieurs fois arrivé que ce qui n'avait d'abord
paru être que d'une utilité très-indirecte et éloi-
gnée en économie rurale, est devenu ensuite d'une
utilité directe et rapprochée. Ainsi, tel propriétaire rural qui a recueilli de grands avantages

d'un procédé excellent dans quelques cas, mais qui a été reconnu nuisible dans d'autres, par un grand nombre d'expériences bien faites et de faits authentiques incontestables, veut absolument qu'on le regarde comme très - avantageux dans tous les cas; tel autre agriculteur croit devoir condamner, comme mauvaises, certaines pratiques anciennes ou modernes qui ne lui conviennent pas, et proscrire certaines plantes que d'autres ont, par contre, beaucoup trop préconisées, tandis qu'il en indique avec éloge quelques-unes qui ne les valent certainement pas; un troisième, après des essais insuffisans, blâme *l'assolement alterne*, comme s'il n'y avait qu'une seule manière d'alterner les récoltes, et comme si celle qu'il indique pour terme de comparaison était réellement la meilleure. Il consent cependant à réduire les jachères de moitié sur les terres médiocres, en les supprimant entièrement sur celles qui sont bonnes. Tel agriculteur du midi désapprouve, pour cette partie de la France, la culture de plusieurs plantes économiques qui ont cependant été recommandées par d'autres agriculteurs voisins, également zélés et instruits, d'après les heureux résultats d'une longue expérience réfléchie; et, comme le dit *Thaer*, « on se dispute quelquefois avec un zèle qui ressemble à l'esprit de secte. » Mais hâtons-nous d'avouer cependant que, nonobstant les contradictions que nous signalons, et plusieurs autres que nous pourrions noter ici ; malgré l'attachement obstiné qu'un bien petit nombre d'écrivains manifestent encore pour la jachère absolue et pour la routine dans toute son intégrité, leur empire se rétrécit considérablement par-tout, chaque année ; les assolemens les mieux raisonnés se multiplient de la manière la plus satisfaisante ; les meilleures pratiques agricoles en tout genre se propagent ; et les progrès du premier des arts suivent de près ceux des connaissances les plus utiles.

Dans l'étude des sciences naturelles, les doutes germent souvent sous les efforts de l'homme qui cherche à les dissiper, et ils se multiplient même quelquefois par le seul résultat des recherches qu'il fait pour les éloigner ; mais il doit, en ce cas, les avouer avec franchise, et nous nous sommes toujours empressés d'observer religieusement cette loi, que tout agriculteur de bonne foi doit s'imposer rigoureusement.

Fidèles à ce principe, nous avons soigneusement écarté de notre travail ces espèces de recettes ou données fixes, qui plaisent beaucoup à la paresse, mais qui ne peuvent jamais satisfaire le jugement. Nous n'avons par conséquent pas cru devoir suivre le sentier battu par la plupart des écrivains agronomiques, relativement à la détermination précise de la quantité de semence et du nombre de labours et autres opérations aratoires nécessaires pour telle ou telle autre plante, et pour telle ou telle autre nature de terre.

Il est toujours très-dangereux, selon nous, de vouloir déterminer les choses qui ne sont pas susceptibles de l'être rigoureusement ; et les objets dont nous venons de parler, ainsi que plusieurs autres de même essence, nous ont paru trop valables pour être soumis à des données positives et invariables. Toute précision à cet égard doit paraître ridicule au véritable praticien, puisqu'il s'agit d'objets qui sont inévitablement subordonnés à la diversité infinie des localités, et sur-tout à celle des sols, des climats, des époques, et des objets également très-variables qu'on peut avoir en vue.

Nous avons eu plusieurs fois l'occasion d'insister, dans le cours de notre ouvrage, sur l'inutilité et le danger même de ces fixations bannales, qu'on rencontre si souvent dans les livres, n'ayant jamais craint de répéter les vérités utiles qui sont encore peu connues.

Nous n'avons pas cru, non plus, devoir y insérer ces tableaux comparatifs de dépenses et de produits qu'on trouve encore très-souvent dans les ouvrages économiques. Ces calculs complaisans, dans lesquels les chiffres, toujours dociles, viennent se placer à souhait sous la plume du rédacteur, nous ont toujours paru n'avoir que l'apparence séduisante de l'utilité, et non la réalité, comme on le suppose. Il suffit, en effet, de réfléchir un peu sur la mobilité naturelle des élémens qu'on doit nécessairement y faire entrer, pour sentir combien ils doivent varier, non-seulement d'un lieu à un autre, non-seulement d'année en année, mais même chaque année dans le même lieu, où les prix de la main d'œuvre et des denrées subissent souvent des variations imprévues et incalculables. Chacun doit donc faire et renouveler pour soi, d'après les données locales et momentanées, ces calculs très-utiles pour l'éclairer, qu'un bon économe ne doit jamais négliger pour sa *comptabilité agricole*, sans laquelle il court souvent à sa ruine sans s'en apercevoir, par la raison qu'il se trompe sur ses bénéfices comme sur ses pertes, faute de données positives sur chaque objet d'avance et de produit; mais ils ne doivent jamais être publics comme des bases fixes et générales, sur lesquelles on puisse asseoir solidement telle ou telle autre culture.

C'est sur-tout dans les ouvrages anglais qu'on

rencontre fréquemment ces comptes séduisans , inventés pour faire ressortir tous les avantages des nouveaux systèmes, et que le savant *Adam Dickson* reproche amèrement à ses compatriotes, en assurant avec raison que rien n'est plus propre à tromper le cultivateur, et qu'au lieu de perfectionner la culture, cela y nuit beaucoup au contraire ; car les personnes qui ont été induites ainsi en erreur, ou se dégoûtent entièrement de l'agriculture, ou bien rejettent sans examen tout ce qui a l'apparence de la nouveauté (1).

Dans le choix des faits instructifs de pratique , que nous nous sommes efforcés d'accumuler, parce qu'en agriculture c'est par des faits qu'il faut établir ce qu'on avance , parce que ce sont bien moins les règles que les faits positifs qui nous manquent, et parce que les derniers servent puissamment à consolider les premières ; nous nous sommes essentiellement attachés à faire connaître les meilleurs procédés d'assolement usités sur divers points de la France , et à indiquer les situations où les cultures dont nous recommandons l'adoption nous ont paru susceptibles de prospérer, d'après les probabilités tirées de leur nature et de l'expérience , nous écartant en-

(1) Voyez *Adam Dickson* , *De l'agriculture des Romains* , chap. 6 , v. I.

core en cela des écrivains qui ont cru devoir nous proposer exclusivement pour modèles des exemples tirés de l'étranger.

Quoique nous sachions très-bien que l'intérêt des objets qui fixent notre attention, croisse souvent en raison directe de l'éloignement des lieux d'où on les tire, parce que l'esprit humain, avide du merveilleux, est naturellement disposé à juger favorablement les objets que la distance l'empêche de bien voir et de bien saisir, tandis qu'il dédaigne souvent les moyens d'instruction qu'il a sous les yeux, ce qui fait qu'en agriculture , comme en beaucoup d'autres genres de connaissances, nous sommes en général mieux instruits et plus enthousiasmés sur-tout de ce qui se passe ailleurs que chez nous-mêmes ; nous n'en pensons pas moins que nous devons chercher à récolter sur notre propre sol, avant d'aller glaner sur celui des autres. Il nous a toujours paru fort bizarre qu'on se fût plus attaché à nous faire connaître certaines pratiques d'économie rurale qui s'observent chez l'étranger, qu'à nous donner une idée exacte et complète de toutes les bonnes méthodes, qui sont beaucoup plus multipliées qu'on ne le pense généralement, sur la totalité de la surface très-variée du territoire français.

De tous les pays qu'on a le plus offerts à notre

admiration sous les rapports agricoles, comme sous bien d'autres, l'Angleterre est sans contredit celui qui a été placé en première ligne. Sans doute ce pays a beauconp perfectionné son économie rurale dans le siècle dernier, grâce au grand nombre de propriétaires ruraux, riches en facultés intellectuelles et pécuniaires, qui ont mis la main à l'œuvre, et il méritait pour cela d'être cité avec éloge : cependant, quoiqu'il ne convienne pas de traiter ici à fond la question relative au droit réel ou supposé qu'il peut avoir à cette primauté (question que nous avons d'ailleurs eu occasion d'agiter déjà et d'éclaircir dans un autre travail), la nature même du sujet que nous traitons aujourd'hui comporte quelques détails sur l'état actuel de son agriculture.

Dans quel ouvrage français du siècle dernier ne trouve-t-on pas que les jachères sont inconnues en Angleterre, et que les assolemens y sont partout les plus avantageux possible ? Pour essayer de détruire ces grandes erreurs, que mille échos ont répétées et répètent encore tous les jours d'après quelque enthousiaste anglomane, nous ne nous étayerons pas des connaissances personnelles qu'un séjour de plus de quatre années dans ce pays, et des voyages assez étendus sur plusieurs points et à diverses époques, nous ont procurées sur l'exacte vérité à cet égard ; nous n'emprunterons même pas le témoignage authentique et irrécusable de plusieurs écrivains anglais de bonne foi qui, contredisant complétement ce que d'autres, moins impartiaux, sont venus nous dire ici, avouent franchement que leur agriculture est encore bien loin de ce degré de perfection auquel on a supposé si gratuitement qu'elle était parvenue : nous nous bornerons à citer deux passages bien remarquables des écrits de deux hommes très-connus, qui se sont peut-être le plus attachés à nous communiquer ce que l'agriculture de l'Angleterre pouvait présenter d'intéressant. A coup sûr, ces témoignages ne pourront paraître suspects à personne, de la part d'écrivains qui rendent autant de justice à l'Angleterre sur ce point.

Le premier, M. *de Pradt*, dans son *Etat de la culture en France*, après s'être étendu complaisamment sur les améliorations que l'agriculture anglaise avait éprouvées, ne peut s'empêcher d'avouer que « il est loin de regarder ni de donner l'Angleterre tout entière comme un jardin ; qu'il sait qu'elle a ses côtés faibles en culture, comme en toute chose ; qu'il sait que ses cultivateurs ont aussi leurs préjugés, leurs routines et leurs entêtemens ; qu'il sait que son territoire a aussi ses

bruyères, ses marais, ses déserts; que ses animaux comptent aussi des espèces inférieures;
qu'il sait tout cela, et qu'il est bien loin de trans-
former chaque fermier, chaque *gentleman* en *Co-*
lumelle, et d'en faire autant de *Triptolème*; que
ce sont autant d'excès incompatibles avec la vérité. » Ajoutons qu'il reconnaît plus loin que « *la*
masse des cultivateurs y suit presque aussi routi-
nièrement que par-tout ailleurs la marche qu'elle
trouve établie. »

Le second, M. *Pictet*, dans la préface de son
Cours d'agriculture anglaise, après nous avoir
également entretenus des progrès de cette agriculture, avoue avec la même franchise que « l'Angleterre offre encore, dans plusieurs de ses provinces, l'exemple d'une culture imparfaite et
barbare; de vastes communaux presque inutiles;
des marais pestilentiels susceptibles de desséche-
ment; des instrumens oratoires d'une construction
défectueuse et d'un emploi ruineux; des races de
bestiaux dégénérées; une perte évidente de temps
et de force dans l'application des bras, ou des
animaux de travail; *une persévérance opiniâtre*
dans la triste méthode des jachères; enfin des asso-
lemens qui ruinent le sol, le fermier, le proprié-
taire, et qui ne sont pas même surpassés en absur-

dité par ceux des départemens et des cantons de la France où la culture est la plus vicieuse. »

Quelque surprise que doivent occasionner ces renseignemens, auxquels nous n'avons rien changé, à ceux qui sont habitués à juger bien différemment de l'agriculture anglaise, soit en l'examinant avec une prévention favorable, soit en s'en rapportant aux écrits mensongers de ceux qui n'ont jamais pu la bien connaître et qui ont été séduits par les efforts, très-louables sans doute, de plusieurs grands propriétaires, imités avec succès par d'autres cultivateurs aussi zélés qu'instruits, nous pouvons assurer qu'ils sont de la plus exacte vérité, et que ce pays si vanté a, comme tout autre, ses charlatans et ses routiniers en agriculture, et que notre propre pays nous offre aussi ce que nous aimons à trouver ailleurs.

Cependant, il suffit souvent pour nos anglomanes de donner, même à un mauvais ouvrage, un travestissement anglais, pour le leur faire rechercher avidement, et nous devons en consigner ici un exemple remarquable. « Je connais, nous dit l'auteur aussi patriote qu'érudit de la *Bibliographie agronomique*, un livre composé en France, mort dès le berceau, et qui, au moyen d'une physionomie anglaise, a obtenu une résurrection complète et un succès presque incroyable. L'histoire de ce livre *prétendu traduit de l'anglais*, sera quelque jour fort curieuse. » Ne pourrions-nous pas dire avec Ovide à ces enthousiastes qui ne trouvent rien de bon chez eux, tandis qu'ils admirent tout ce qui vient du dehors, que leur propre sol leur présente ce qu'ils cherchent sur des terres étrangères :

> ....*Peregrina quid æquora tentas ?*
> *Quod queris tua terra dabit.*

Quoi qu'il en soit, si la France nous présente aussi un trop grand nombre d'exemples de cultures défectueuses, nous pouvons encore attester, d'après les recherches multipliées que nous ont déterminés à faire plusieurs missions dont le gouvernement nous a chargés, à différentes époques, sur divers points de la France et de l'Italie, ainsi qu'un grand nombre de voyages que nous avons entrepris depuis, dans la majeure partie de nos départemens, et qui avaient l'agriculture pour objet, que notre pays présente à l'observateur attentif et éclairé une masse précieuse de méthodes utiles, de procédés excellens trop peu connus, sur divers points d'économie rurale, et que nous nous proposons de publier successivement, dès que nous aurons complété nos *Recherches sur la statistique agricole de la France.*

En attendant, nous devons prévenir les partisans de l'agriculture anglaise, qu'elle embrasse
nécessairement un petit nombre d'objets de grande
culture, à cause de la température de son climat,
presque par-tout uniforme; tandis que les grandes
variations qu'offrent le climat et le sol de la
France, ainsi que la variété de ses besoins, de
son industrie, de ses ressources et de ses débouchés, rendent nécessairement aussi ses objets et
ses procédés de culture beaucoup plus nombreux,
et présentent un champ plus vaste et des leçons
réellement plus utiles pour nos assolemens.

C'est donc là, ainsi que dans les portions du
continent qui nous environnent, dont le sol et le
climat ont le plus d'analogie avec notre territoire,
auquel elles ont plus d'une fois été réunies, que
nous nous sommes essentiellement attachés à
choisir nos exemples, comme devant produire de
plus heureux effets, parce qu'ils sont plus ap-
propriés aux habitudes et aux besoins de la nation
française; et toute théorie, pour être solide, devant être basée sur des faits bien constatés et
réduits à leur juste valeur, nous avons rapproché
le plus possible ces deux moyens d'instruction: de
sorte que si les conséquences que nous avons tirées de quelques faits se trouvaient faussement
appliquées, il serait facile de les rectifier.

Après avoir essayé de démontrer, par l'exposé et le développement de nos principes, la possibilité, les avantages et les moyens d'obtenir de la terre, en la maintenant dans un état progressif d'amélioration, une succession non interrompue de divers produits utiles à la nourriture de l'homme, à celle de ses bestiaux et aux arts économiques, nous avons également essayé de prouver, par le raisonnement et par le fait, *l'inutilité générale de la jachère absolue;* et ici nous n'avons pas craint de multiplier les exemples, que nous avons choisis sur un grand nombre de localités très-opposées pour le sol et le climat, afin de pouvoir convaincre les plus incrédules sur ce point important.

Nous espérons avoir démontré, d'une manière satisfaisante, que c'est bien moins parce que la jachère, telle que nous l'indiquons ici, est réellement utile, que parce qu'on s'y est pris très-maladroitement pour la supprimer dans un grand nombre de cas, et parce qu'on a voulu trop exiger d'abord du sol, avant de l'avoir suffisamment amélioré et purgé sur-tout des germes et des racines vivaces et traçantes des plantes les plus nuisibles, que plusieurs auteurs et un assez bon nombre de cultivateurs la regardent comme étant généralement indispensable pour assurer d'abon-

dantes récoltes. Nous croyons pouvoir assurer d'a-
vance que *si un propriétaire rural instruit peut encore
conserver la jachère morte , comme une exception
utile dans quelques cas rares , sur une exploitation
champêtre bien administrée, il ne doit l'admettre
dans aucun cas comme un principe absolu d'agriculture perfectionnée.*

Passant ensuite à la pratique proprement dite,
nous avons fait une application particulière des
principes que nous avions émis, à chacun des végétaux jusqu'à présent introduits sur le sol arable
de la France, et là encore nous nous sommes attachés à placer l'exemple à côté du précepte,
toutes les fois que cela a été nécessaire et possible.

Nous devons dire ici que, quoique nous ayons
dû traiter de toutes les cultures en grand qui ont
été essayées avec plus ou moins de succès sur notre
territoire , notre expérience nous a cependant
convaincus depuis long-temps qu'il convient en
général de réduire le plus possible les principaux
objets de ces cultures à ceux qui sont bien recon-
nus pour être les plus profitables, afin de n'être
pas distraits par un multitude d'objets de peu
d'importance, qui font perdre beaucoup de temps,
qui exigent de vastes emplacemens, des atten-
tions minutieuses pour leur conservation et leur

débouché, et qui empêchent de donner aux premiers tous les soins convenables ; mais il peut devenir avantageux d'avoir, près du manoir, à l'imitation de M. le marquis de la Boëssière, ce qu'il appelle *le champ de l'omnium*, où l'on doit essayer, sur une échelle de peu d'étendue d'abord, toutes les nouvelles plantes recommandées, qui promettent de donner des résultats avantageux pour les circonstances locales dans lesquelles on se trouve placé.

Un des plus grands obstacles aux progrès de notre agriculture, après la brièveté et la teneur des baux, qui s'opposent directement à toute espèce de perfectionnement dans les assolemens, et après la coupable indifférence d'un très-grand nombre de propriétaires ruraux pour améliorer par eux-mêmes leurs domaines avec des plans de culture raisonnés, consiste, selon nous, dans le préjugé si enraciné pour la classe nombreuse des routiniers, qui les porte à croire que l'ancien système, qui s'est transmis intact de père en fils depuis un temps immémorial, étant parvenu au maximum de perfectionnement, quoiqu'il les ruine souvent, il n'y a absolument plus rien à innover, non-seulement dans le mode, mais surtout dans l'introduction des nouveaux objets de culture. L'usage est réellement leur *dieu Terme*, comme on l'a dit; et ils objectent unanimement, toutes les fois qu'on leur propose d'essayer une nouvelle plante qui a enrichi les cantons qui l'ont adoptée, que leur sol et leur climat s'y refusent.

Où en serions nous encore cependant, si des cultivateurs aussi zélés qu'intelligens, si des propriétaires instruits n'avaient pas transporté dans nos champs cultivés, soit de nos jardins, soit de nos prairies naturelles, et même de nos friches, soit de l'étranger, le trèfle, le sainfoin, la lupuline, le sarrasin, la gaude, la spergule, le maïs, la pomme de terre, la patate, le topinambour, le tournesol, le pastel, le carthame, la caméline, la chicorée sauvage, le houblon, le pavot, la carotte, le chou, le panais, la betterave, la soude, la cardère, la garance, le tabac, le genêt, l'ajonc, le cotonnier, et plusieurs autres espèces et variétes précieuses de plantes inconnues dans les cultures en plein champ des premiers temps de notre ère, et qui ont été des sources fécondes de richesses, par-tout où elles ont partagé avec les céréales le droit qu'elles ont incontestablement d'occuper alternativement le sol avec elles?

Nous nous sommes donc imposé le devoir de faire connaître les avantages que chacune de ces plantes et quelques autres présentaient pour nos cultures; nous avons sur-tout insisté sur le mérite que plusieurs d'entre elles possèdent à un haut degré pour nos assolemens, en indiquant les meilleurs moyens d'en tirer le parti le plus avantageux sous ce rapport, comme sous celui de l'emploi de leurs divers produits ; et nous les avons rangées avec les céréales sous trois grandes divisions subdivisées en sections, afin d'indiquer d'une manière plus méthodique et plus facile à retenir, la nature des terres qui nous a paru leur convenir le plus généralement, sans cependant prétendre la leur assigner d'une manière positive et exclusive, comme nous avons remarqué que cela avait été fait par un trop grand nombre d'écrivains en économie rurale.

Un autre obstacle qui s'oppose encore de la manière la plus forte au perfectionnement des assolemens sur un grand nombre de points, c'est la funeste erreur, partagée par une masse imposante de personnes, même éclairées, que *la subsistance du peuple, consistant essentiellement dans le produit des céréales, il est indispensable, pour augmenter ce produit, de revenir très-souvent à leur culture.* Cette maxime, aussi préjudiciable à l'intérêt de l'état et à celui des cultivateurs, qu'elle est séduisante en apparence, s'évanouit entièrement lorsqu'on la soumet, comme on le doit, à la rigueur du calcul, au lieu de l'appuyer,

9 *

comme on le fait, de raisonnemens captieux ; et nous nous sommes encore imposé la loi de la combattre par des faits irrésistibles tirés de notre propre pratique et de celle des premiers culti-vateurs de la France. Ils démontrent qu'en res-treignant la culture des grains plus qu'on ne l'ad-met généralement en théorie comme en pratique, et en l'intercalant convenablement avec des cul-tures améliorantes, qui fournissent d'ailleurs d'abondans supplémens pour la nourriture de l'homme, ainsi que pour celle des bestiaux et pour la formation des engrais, on augmente in-failliblement les produits en tous genres, en mé-nageant tout-à-la-fois la terre, la semence, le cultivateur et ses bestiaux.

Disons à cet égard que le célèbre *de Lagrange,* dans son *Essai d'arithmétique politique sur les premiers besoins de l'intérieur de la France,* le-quel vient d'être imprimé dernièrement avec un extrait *De la richesse territoriale de la France, par Lavoisier,* qui avait trouvé que la consomma-tion journalière de la viande n'était que d'environ une once et demie dans les campagnes ; après nous avoir dit que « pour augmenter le bien-être des Français, il faudrait pouvoir augmenter la con-sommation de la viande, même aux dépens de celle du blé ; que la culture des prairies artifi-

cielles est peut-être le seul moyen de parvenir à
un but aussi désirable ; qu'elle est d'autant plus
précieuse, qu'elle peut accroître à-la-fois celui des
bestiaux et celui du blé ; « conclut par assurer d'a-
près les résultats de ses recherches et de ses calculs,
« que la France, dans l'état où est son agriculture,
fournit assez de grains pour la consommation de
ses habitans ; mais qu'en bestiaux elle n'en fournit qu'un peu plus de la moitié de ce qui serait
nécessaire pour que chaque habitant eût une ra-
tion proportionnelle à celle des soldats. » M. le
comte Chaptal reconnaît aussi, v. 1, p. 137 de
l'Industrie française, en parlant des progrès de
l'agriculture et de la doctrine des assolemens,
que « l'art de l'agriculteur consiste à multiplier
les bestiaux, et qu'à l'exception de deux à trois
provinces, ils ne sont assez nombreux nulle part.»
Ajoutons à ces données celles que vient de nous fournir M. *Benoiston de Château-Neuf*, dans ses *Recherches sur les consommations de tout genre de la
ville de Paris* : C'est une triste vérité, dit-il, que
que s'il y a toujours dans la consommation journalière en pain de cette immense ville une part si
modique qu'elle soit pour chacun de ses nombreux
habitans, plus de la moitié d'entre eux est condam-
née à se passer de viande la plus grande partie de
l'année. » Qu'on juge d'après cela de ce qui doit

avoir lieu à cet égard sur le reste de la France et sur-tout au sein de nos campagnes les plus reculées! Ajoutons encore que M. le chevalier *Perret*, administrateur et écrivain éclairé, signale dans son *Mémoire sur le mode d'administration le plus convenable à la France pour se garantir de la disette des grains*, la multiplication du bétail, ainsi que la propagation des végétaux auxiliaires des céréales, parmi les moyens les plus efficaces pour prévenir ce fléau. Convenons donc que l'ancien proverbe : *Qui a du foin a du pain*, nous présente une vérité d'un grand sens, malgré son apparente bizarrerie ; et reconnaissons également que l'alternat des cultures céréales avec les prairies et avec celles des plantes propres à augmenter le nombre de nos bestiaux, a aussi le grand mérite de paralyser l'exercice désastreux du droit de parcours et de la vaine pâture, ainsi que celui des troupeaux communs, restes barbares de nos anciennes coutumes féodales.

Nous aurons d'ailleurs occasion de rapporter, dans le développement de nos principes, un grand nombre d'exemples très-remarquables des avantages qui résultent pour l'augmentation des produits des céréales, de leur alternat avec d'autres cultures *améliorantes* ; et nous avons déjà traité cet objet dans notre *Excursion agronomique en*

Auvergne, imprimée dernièrement par ordre du gouvernement.

Nous devons ici prévenir les personnes qui liront notre ouvrage, que nous l'avons particulièrement destiné à l'usage des propriétaires ruraux, ainsi qu'à celui des fermiers intelligens et instruits, que d'anciens préjugés et de vieilles habitudes n'aveuglent pas sur leurs véritables intérêts, et qui ne se retranchent pas dans l'observation rigoureuse des pratiques qu'aucun raisonnement ne fait ordinairement embrasser, et qu'aucun raisonnement ne peut non plus faire abandonner.

Nous avouerons franchemement que nous n'avons pas eu spécialement en vue, dans ce travail, cette classe aussi précieuse à l'état qu'elle est nombreuse et laborieuse, qu'on désigne communément sous le nom de *laboureurs*, nom qui indique très-expressément l'objet de prédilection dont elle s'est toujours essentiellement occupée, mais qui ne constitue réellement qu'une des parties de l'art agricole.

Cette classe respectable, ou ne sait pas (il faut l'avouer), ou ne veut pas, ou ne peut pas lire, faute d'instruction ou de bonne volonté, ou du loisir nécessaire pour le faire avec discernement et avec fruit. Pour peu qu'on soit habitué à vivre au milieu d'elle comme nous, on sait à n'en pouvoir douter, qu'elle ne lit pas, ou qu'elle lit peu, ou qu'elle lit sans fruit; mais elle voit tout aussi bien qu'une autre, sinon mieux : elle ne croit même qu'à ce qu'elle voit. C'est bien moins par des livres, quoique très-courts et très-simples, comme les nouvelles formes *d'almanachs, de catéchismes, de tableaux, d'abrégés, d'annuaires, de journaux, de bibliothèques rurales et de calendriers géorgiques*, multipliés sous toutes les formes depuis *Palladius* qui en a, le premier, donné l'exemple, jusqu'à nos jours, et qu'on a constamment essayés en vain pour elle, qu'il faut, selon nous, s'efforcer d'ajouter à son instruction, que par la force irrésistible des bons exemples mis sous ses yeux, que nous regardons comme les seuls moyens, réellement prompts et bien efficaces, de l'éclairer et de l'entraîner par la conviction de ses propres intérêts.

C'est donc bien moins sur le papier que sur le sol qu'il faut lui tracer et renouveler sans cesse des règles de conduite qui puissent améliorer sa culture et son sort; puisque, indépendamment des motifs précités, on ne peut raisonnablement engager à tenter des essais, toujours douteux et toujours coûteux, des personnes qui ne peuvent rien hasarder, et qui, étant d'ailleurs avares de leur temps et de tous leurs moyens, ne peuvent non plus sacrifier la certitude d'un bien présumé à la possibilité d'un mieux inconnu, plus ou moins incertain, et ne sont que trop souvent encore forcées de se laisser diriger par les besoins impérieux du moment présent.

En effet, pour convaincre le laboureur, il ne faut pas d'instructions orales ou écrites, mais il faut exécuter long-temps sous ses yeux et avec succès les méthodes réformatrices; car il ne connaît guère que le mécanisme de l'art, et il tient à sa routine, parce qu'il redoute avec raison les mécomptes qui le ruineraient. Sa cupidité mal entendue ou son indigence craint les avances; sa méfiance habituelle répugne au changement; et il imite dans sa marche uniforme le pas tranquille et lent des animaux qui ouvrent devant lui la terre. Accoutumé dès l'enfance aux pratiques qu'il tient de ses ancêtres, il n'en connaît et n'en veut pas adopter d'autres, à moins que ses yeux ne lui en fassent voir irrésistiblement tous les avantages. Démontrons-lui évidemment, non par des écrits ni des discours, mais par des faits incontestables, la supériorité de nos nouvelles méthodes sur la sienne, et il finira par les adopter. C'est la seule manière de lutter avec avantage contre sa répugnance à changer quelque chose à l'ensemble de ses habitudes. Nos bonnes pratiques étant le fruit de l'expérience, de la réflexion et du temps, l'homme grossier, dont la main trace péniblement un sillon, ne quittera jamais de lui-même le sentier battu, pour se livrer à leur recherche ou à leur pratique. Incapable de cette tension d'esprit qu'exigent de nouvelles combinaisons ; timide par ignorance et par intérêt, il n'osera se frayer des routes nouvelles. Le loisir, d'ailleurs, est nécessaire pour inventer, et il n'en a pas plus que de capitaux disponibles. « Sa routine, comme l'a dit avec tant de vérité le président de la Société d'agriculture de Trévoux, M. *Perrier*, n'est que le résultat nécessaire et forcé de sa position. Souvent témoin, quelquefois victime d'opérations hasardées par un zèle sans expérience ou dirigées par l'opiniâtreté d'un faux-savoir, il se roidit toujours contre toutes les innovations dont il devra supporter les chances ; il n'adoptera jamais de nouvelles méthodes par la seule force de la persuasion, et il faut pour qu'il s'y livre, qu'exécutées sous ses yeux, les avantages lui en paraissent décidément infaillibles. » Nous ajouterons à ces vérités que c'est sur-tout à lui que sont applicables ces paroles royales qui ont retenti dans toute l'Europe : *A côté de l'avantage d'améliorer se trouve le danger d'innover.*

C'est conséquemment par l'entremise indispensable des propriétaires cultivateurs, riches de capitaux, d'instruction et de zèle, dont l'esprit libre, pénétrant et dépouillé de cette foule de préjugés qui ont établi leur empire bien plus solidement au sein des campagnes qu'au milieu des cités, est avide de découvertes utiles vers lesquelles il aime à se diriger, qu'il faut chercher à répandre l'instruction sur cette précieuse partie du peuple agricole ; et c'est ainsi qu'il faut l'engager à s'écarter insensiblement du sentier étroit que l'habitude lui a creusé, en stimulant son attention par la vue séduisante d'objets matériels et lucratifs, et en se rappelant que la leçon de l'exemple est plus persuasive pour elle que les meilleurs traités.

Ces propriétaires ne pourront se refuser, comme ceux qui ne sont souvent que de simples usufruitiers temporaires à titre plus ou moins onéreux, à tenter l'adoption de nouvelles méthodes sur leurs domaines, et ils ne les déclareront pas irrévocablement mauvaises, par la seule raison qu'elles ne sont pas en usage dans leur canton. Ils savent, comme nous, que l'art de cultiver la terre est sans bornes comme sa fécondité, et c'est à eux qu'en France, en Italie, en Suisse, en Allemagne, en Angleterre, et dans toutes les contrées ou l'économie rurale a fait quelques progrès, on doit l'introduction des végétaux qui, en amenant une heureuse révolution dans la culture, y ont fait naître de nouvelles richesses. C'est sur eux, enfin, que nous comptons presque exclusivement pour la prompte et solide amélioration de nos assole-mens, sur toutes les parties du territoire français qui ne jouissent pas encore complétement de ce bienfait ; et ils y ajouteront beaucoup en publiant les heureux résultats de leurs recherches, de leurs efforts, et même leurs fautes ; car, il faut encore l'avouer, la plupart des découvertes en économie rurale ne franchissent jamais le lieu qui les a vues naître, faute de communications nécessaires entre tous les hommes éclairés qui s'y livrent avec succès. L'aveu d'une faute éclaire souvent aussi plus qu'une découverte, et rien ne nuit davantage aux bonnes pratiques que d'en outrer le mérite.

Il nous reste maintenant à donner quelques dé-tails sur le plan que nous avons adopté dans notre travail spécial sur la *succession des cultures*.

La description, les dénominations botaniques et triviales, ainsi que les principaux détails de culture, de conservation et d'emploi, des plantes dont nous nous sommes occupés, nous ayant paru nécessaires à la parfaite intelligence de l'objet que

nous avions plus particulièrement en vue , et fournissant d'ailleurs des données très-utiles pour cet
objet ; cette circonstance a rendu en quelque
sorte notre travail un *Traité général des cultures
admises en grand sur les exploitations rurales de la
France* , puisque *l'assolement renferme presque
toute l'agriculture pratique* , comme l'a reconnu
avec raison Lamerville ; et elle nous a fourni
l'occasion de rectifier plusieurs idées fausses , ou
hasardées , ou exagérées , en traitant la plupart
des articles , d'une manière entièrement neuve
pour la pratique.

Nous nous sommes sur-tout attachés à réduire
à leur véritable valeur ces produits merveilleux ,
ces qualités surnaturelles , ces panégyriques ou-
trés , ces recettes banales et empiriques , annon-
cés , proclamés et divulgués avec tant d'emphase
à l'égard d'un grand nombre de plantes. On ne
saurait être trop en garde , selon nous , contre
cette prétendue aptitude de certaines plantes préconisées à croître indifféremment sur tous les sols ,
dans tous les climats , à toutes les expositions , et
à donner , dans tous les cas , des produits également avantageux. C'est le protocole ordinaire de
tous les charlatans qui se sont érigés en apôtres de
nouvelles plantes , que leur profonde ignorance ,

et plus souvent encore leur sordide intérêt les engageaient à prôner ; et c'est ce que nous avons plus particulièrement remarqué à l'égard des plantes dont l'historique nous est parvenu d'outremer : car, il ne faut point se le dissimuler, notre esprit, généralement crédule pour tout ce qui nous vient de l'étranger, saisit souvent avec une confiance sans bornes toutes les fables qui nous arrivent à cet égard de l'Angleterre ; ce que démontre évidemment l'histoire ridicule de plusieurs graminées vivaces, ainsi que celle de la pimprenelle, du plantain, de l'espèce d'agrostide désignée depuis peu sous le nom hibernien de *fiorin*, qu'on a francisé, et de quelques autres qui ont eu d'abord parmi nous, comme chez nos voisins, une réputation éphémère extraordinaire, qu'il a fallu réduire ensuite à sa juste valeur.

Les prairies naturelles et artificielles étant aujourd'hui, comme du temps de Caton l'ancien, *la pierre fondamentale de l'agriculture* , nous avons donné beaucoup d'extension à l'article *prairie*, que nous avons traité dans le plus grand détail sous tous ses rapports importans. Nous avons regardé *cette pièce glorieuse du domaine*, pour nous servir de l'énergique expression d'*Olilivier de Serres* , comme la base la plus solide des assolemens raisonnés, et nous avons traité avec tout le développement qu'elles comportaient chacune des plantes qui nous ont paru les plus recommandables pour cet objet. Nous pensons cependant que les différentes espèces et variétés de trèfle, de luzerne et de sainfoin, qui peuvent s'appliquer avantageusement, l'une ou l'autre, à toutes les nuances de sol connues, méritent la préférence, dans un grand nombre de cas, sur toutes celles qui peuvent entrer en concurrence avec elles pour les prairies artificielles, et nous les avons particulièrement distinguées et traitées avec une sorte de prédilection.

L'imperfection et quelquefois même le manque absolu des instrumens aratoires nécessaires à une bonne culture, étant un des côtés les plus faibles de notre économie rurale, tandis que l'agriculture anglaise péche par un excès contraire ; et, d'un autre côté, la rareté des bras étant une des objections les plus ordinaires et les plus spécieuses qu'on élève contre le perfectionnement de l'agriculture par l'introduction dans nos champs de végétaux qui exigent des binages, des sarclages, des houages et des buttages pour prospérer ; nous n'avons pu nous dispenser de terminer notre travail par la figure et l'explication de quelques-uns de ces instrumens que nous regardons comme indispensables pour parfaire, de la manière la plus prompte, la plus facile et la plus économique, sans avoir recours aux opérations manuelles, toujours longues, pénibles et coûteuses, les cultures qui ont essentiellement besoin d'être binées, sarclées, houées et buttées. Nous y en avons joint quelques autres également fort utiles, ainsi qu'un modèle très-simple de meule à courant d'air ou ventilateur, si utile pour le perfectionnement du foin; et nous ne saurions trop fortement recommander aux agriculteurs qui ne les connaissent pas, ou qui ne les emploient pas, ce qui revient au même, l'adoption de ces divers moyens peu dispendieux; car s'il est aussi embarrassant que ridicule d'entasser sur son domaine, comme nous l'avons vu, une collection de nouveaux instrumens ruraux aussi chers qu'ils sont compliqués, et qu'on laisse souvent se détériorer sous des hangars, après avoir reconnu leur peu de solidité et d'utilité, il n'est pas moins nuisible au succès des exploitations bien dirigées, de manquer des instrumens les plus simples, les plus commodes et les plus économiques, dont un grand nombre de cultures très-productives ne peuvent absolument se passer.

Nous terminerons cet exposé que nous avons cru devoir tracer des motifs et du plan de notre travail, en observant que lorsqu'on est convaincu, comme nous le sommes, de son ignorance sur un grand nombre de points importans de l'art et de la science agricoles, sur lesquels cependant nous voyons tous les jours des personnes qui se sont sans doute bien moins occupées de leur étude, que nous l'avons fait depuis long-temps par état et par goût, nous inonder de préceptes dont la pratique est loin de confirmer la justesse, il faut s'armer d'un certain courage pour paraître s'ériger en maître sur des matières aussi délicates et si peu étudiées généralement. Mais le sentiment du devoir a dû l'emporter en nous sur celui de notre faiblesse, et nous nous sommes crus obligés de publier le résultat de nos recherches, de nos expériences et de nos méditations sur un sujet qui nous paraît avoir la plus grande influence sur la prospérité agricole et nationale, et sur lequel les éloges flatteurs donnés par nos agronomes les plus éclairés à notre premier travail, nous ont encouragés à nous étendre de nouveau.

Nous sommes bien loin de supposer que nous avons tout dit sur ce sujet, ni toujours bien vu ; nous sommes trop intimement persuadés de nôtre insuffisance pour compléter un pareil travail, et nous savons trop bien aussi que l'erreur est un écueil inévitable pour l'espèce humaine; mais nous espérons qu'en payant notre dette comme agriculteur et comme citoyen, nous éveillerons l'attention des cultivateurs instruits. qui, en apportant à cet objet le tribut de leurs lumières, consolideront de plus en plus l'édifice auquel nous avons travaillé avec l'ardent désir de faire une chose utile.

Les précieuses données de la pratique ont jusqu'à présent manqué trop souvent aux talens qui se sont voués à l'art d'écrire sur les diverses branches de l'économie rurale; tandis que les praticiens qui ont le plus fait ont ordinairement le moins écrit; et nous espérons aussi qu'un nouvel état de choses sur ce point, en réformant les anciens abus, élevera bientôt l'art et la science au plus haut point de perfection qu'ils puissent atteindre.

Si plus de quarante années d'une pratique très-active dans l'exercice de l'art auquel nous nous plaisons à avouer que nous sommes entièrement redevables de l'honorable considération et de tous les avantages dont nous jouissons, nous donnent quelque droit à la confiance et à l'indulgence de la classe nombreuse des propriétaires ruraux qui commencent à se livrer à l'amélioration de leurs propriétés, et pour lesquels nous avons particulièrement écrit; ce puissant encouragement nous portera à leur offrir successivement le résultat de nos connaissances sur chacune des parties de la science que nous professons, en leur disant avèc Horace :

Adoptez nos moyens, si vous les trouvez bons,
Ou rectifiez-les par de meilleurs encore.
.......*Si quid novisti rectius istis,*
Candidus imperti, si non, his utere mecum.

FIN.